计算机视觉应用开发 1+X 证书制度系列教材

计算机视觉应用开发

初级

北京百度网讯科技有限公司　组织编写

陈尚义　彭良莉　刘　钒　主　编
高　浩　但雨芳　史荧中　副主编

高等教育出版社·北京

内容简介

　　本书为1+X职业技能等级证书配套系列教材之一，以《计算机视觉应用开发职业技能等级标准（初级）》为依据，由北京百度网讯科技有限公司组织编写。

　　本书分为视觉数据获取与整理、视觉数据预处理、视觉数据标注、视觉应用场景与部署4部分，共10个项目，内容包括图像采集、数据文件整理、图像清洗、图像增广、可视化图像检测、图像标注、视频标注、标注文件格式转换、视觉应用场景认知以及视觉应用部署。全书以"项目—任务"方式安排教学内容，并采用模块化的组织形式，便于教师课堂的教学实施，以及学生由浅入深地学习各相关知识点。

　　本书配套微课视频、电子课件（PPT）、案例源代码等数字化学习资源。与本书配套的数字课程"计算机视觉应用开发"已在"智慧职教"网站（www.icve.com.cn）上线，学习者可以登录网站进行在线学习及资源下载，授课教师可以调用本课程构建符合自身教学特色的SPOC课程，详见"智慧职教"服务指南。教师也可发邮件至编辑邮箱1548103297@qq.com获取相关教学资源。

　　本书可作为计算机视觉应用开发1+X职业技能等级证书（初级）认证的相关教学和培训教材，也可作为人工智能应用领域相关技术人员的自学参考书。

图书在版编目（CIP）数据

计算机视觉应用开发：初级／北京百度网讯科技有
限公司组织编写；陈尚义，彭良莉，刘钒主编. -- 北京：
高等教育出版社，2021.2
　　ISBN 978-7-04-055340-6

　　Ⅰ. ①计… Ⅱ. ①北… ②陈… ③彭… ④刘… Ⅲ.
①图像处理软件-程序设计-高等职业教育-教材 Ⅳ.
①TP391.413

　　中国版本图书馆CIP数据核字（2021）第000182号

| 策划编辑 | 刘子峰 | 责任编辑 | 刘子峰 | 特约编辑 | 章兴敏 | 封面设计 | 王　洋 |
| 版式设计 | 杨　树 | 插图绘制 | 邓　超 | 责任校对 | 刘娟娟 | 责任印制 | 赵　振 |

出版发行	高等教育出版社	网　　址	http://www.hep.edu.cn
社　　址	北京市西城区德外大街4号		http://www.hep.com.cn
邮政编码	100120	网上订购	http://www.hepmall.com.cn
印　　刷	天津海顺印业包装有限公司		http://www.hepmall.com
开　　本	787 mm×1092 mm　1/16		http://www.hepmall.cn
印　　张	15.25		
字　　数	290千字	版　　次	2021年2月第1版
购书热线	010-58581118	印　　次	2021年2月第1次印刷
咨询电话	400-810-0598	定　　价	45.00元

本书如有缺页、倒页、脱页等质量问题，请到所购图书销售部门联系调换
版权所有　侵权必究
物　料　号　55340-00

"智慧职教"服务指南

"智慧职教"是由高等教育出版社建设和运营的职业教育数字教学资源共建共享平台和在线课程教学服务平台，包括职业教育数字化学习中心平台（www.icve.com.cn）、职教云平台（zjy2.icve.com.cn）和云课堂智慧职教 App。用户在以下任一平台注册账号，均可登录并使用各个平台。

- 职业教育数字化学习中心平台（www.icve.com.cn）：为学习者提供本教材配套课程及资源的浏览服务。

登录中心平台，在首页搜索框中搜索"计算机视觉应用开发"，找到对应作者主持的课程，加入课程参加学习，即可浏览课程资源。

- 职教云（zjy2.icve.com.cn）：帮助任课教师对本教材配套课程进行引用、修改，再发布为个性化课程（SPOC）。

1. 登录职教云，在首页单击"申请教材配套课程服务"按钮，在弹出的申请页面填写相关真实信息，申请开通教材配套课程的调用权限。

2. 开通权限后，单击"新增课程"按钮，根据提示设置要构建的个性化课程的基本信息。

3. 进入个性化课程编辑页面，在"课程设计"中"导入"教材配套课程，并根据教学需要进行修改，再发布为个性化课程。

- 云课堂智慧职教 App：帮助任课教师和学生基于新构建的个性化课程开展线上线下混合式、智能化教与学。

1. 在安卓或苹果应用市场，搜索"云课堂智慧职教"App，下载安装。

2. 登录 App，任课教师指导学生加入个性化课程，并利用 App 提供的各类功能，开展课前、课中、课后的教学互动，构建智慧课堂。

"智慧职教"使用帮助及常见问题解答请访问 help.icve.com.cn。

前　言

　　面向职业院校和应用型本科院校开展 1+X 证书试点工作是落实《国家职业教育改革实施方案》的重要内容之一。2020 年 1 月，百度公司正式获批成为"计算机视觉应用开发职业技能等级证书"制度试点的第三批职业教育培训评价组织，该证书是属于人工智能应用开发类的技能证书。为进一步落实及推广相关证书制度的试点工作，百度公司组织企业优秀工程师和高校教师一起开发了本套 1+X 职业技能等级证书配套教材。

　　本书内容以《计算机视觉应用开发职业技能等级标准（初级）》为依据编写，分为视觉数据获取与整理、视觉数据预处理、视觉数据标注、视觉应用场景与部署 4 部分，共 10 个项目，内容包括图像采集、数据文件整理、图像清洗、图像增广、可视化图像检测、图像标注、视频标注、标注文件格式转换、视觉应用场景认知以及视觉应用部署。每个项目分为学习情境、学习目标、相关知识、项目任务和项目总结等模块，使读者通过由易到难的若干任务实施，完成整个项目的学习过程。这种模块化的教材组织体系，既覆盖了技能等级标准的全部对应知识点，也便于教师在课堂中的教学实施。

　　本书配套有微课视频、电子课件（PPT）、案例源代码等数字化学习资源。与本书配套的数字课程"计算机视觉应用开发"已在"智慧职教"网站（www.icve.com.cn）上线，学习者可以登录网站进行在线学习及资源下载，授课教师可以调用本课程构建符合自身教学特色的 SPOC 课程，详见"智慧职教"服务指南。教师也可发邮件至编辑邮箱 1548103297@qq.com 获取相关教学资源。

　　本书由陈尚义、彭良莉、刘钒任主编，高浩、但雨芳、史茭中任副主编。感谢江苏知途教育科技有限公司在编辑、整理、校审方面的倾力支持。

　　由于人工智能技术的发展日新月异，加之编者水平有限，书中不妥之处在所难免，恳请广大读者批评指正。

编　者

2021 年 1 月

目 录

第一部分 视觉数据获取与整理

第二部分　视觉数据预处理

第三部分　视觉数据标注

第四部分 视觉应用场景与部署

第一部分
视觉数据获取与整理

项目1　图像采集

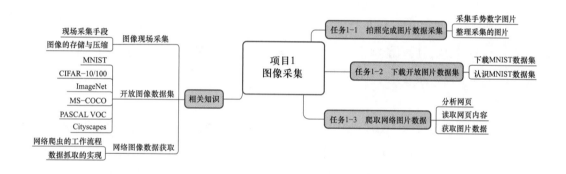

　　数据、算力和算法是人工智能的三要素。训练是人工智能的根基，需要大量能够覆盖各种可能场景的数据，这样才能得到一个优良的算法模型，开发出更加有效的智能应用。而数据作为人工智能这艘火箭的燃料，可以通过各种途径采集获取。例如，图像类数据可以通过拍照、下载开放图像数据集，或爬取网络图片数据的方式获取。

学习目标

1. 能够了解图像现场采集方法以及存储格式。
2. 能够根据实际应用需求，下载合适的开放视觉类数据集。
3. 能够使用适当的工具，从网络爬取图像等视觉数据。

相关知识

　　数据采集有多种途径，下面将详细介绍图像现场采集、开放数据集以及网络图像数据的获取方法。

1.1　图像现场采集

微课 1-1
图像现场采集

1. 现场采集手段

　　计算机视觉系统处理的核心对象是数字图像。数字图像的采集设备由电磁波探测器和模-数转换部件组成，后者能将前者探测到的模拟电信号转换为数字（离散）的形式。所有数字图像采集设备都包含这两种部件。目前图像采集设备有电荷耦合器件照相机、数字摄像机和扫描仪等。

　　对于数字摄像机而言，图像亮度是一个尤为重要的参数。一般来说，计算机视觉系统为了避免环境自然光线和灯光对其工作状态的影响，可以采用自足光源，其要求亮度大、亮度可调、均匀性好、稳定性高，以抑制外界环境各种光对图像质量产生较大影响。其次，图像采集设备还需要满足视场需求和图像分辨率要求。它的选取决定了图像质量，也决定了计算机视觉系统的准确率。

2. 图像的存储与压缩

　　（1）位图与矢量图

　　位图也称为点阵图，是使用像素阵列表示的图像。当放大位图时，可以看见赖以构成整个图像的无数个单个方块。图 1-1 所示是把位图放大到 800% 的效果。

　　矢量图是指用一系列计算指令表示的图，图形的元素是一些点、线、矩形、多边形、圆和弧线等，它们都是通过数学公式计算获得的。通常，矢量图的存储文件是 SVG 格式。图 1-2 所示是矢量图放大到 800% 的效果。

　　（2）图像的压缩方式

　　图像压缩可以是有损数据压缩，也可以是无损数据压缩。对于绘制的技术图、图表或者漫画，优先使用无损压缩，这是因为有损压缩方法，尤其是在低位速条件下将会带来压缩失真。其他如医疗图像或者用于存档的扫描图像等有价值的内容，也尽量选择无损压缩

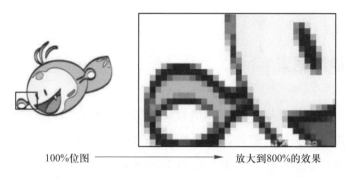

100%位图　　　　　　　　　　　　　放大到800%的效果

图 1-1

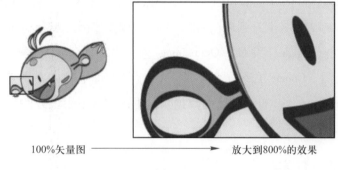

100%矢量图　　　　　　　　　　　　放大到800%的效果

图 1-2

方法。有损压缩方法非常适合于压缩自然的图像。例如，在一些应用中图像的微小损失是可以接受的（有时是无法感知的），这样就可以大幅度减小位速。

　　通常，经过无损压缩的数据进行图像复原（解压）以后，重建的图像与原始图像完全相同；而经过有损压缩的图像重建后与原始图像有一定的偏差，但不影响人们对图像含义的正确理解。

　　常见的图像文件格式见表 1-1。

表 1-1

文 件 格 式	压缩编码方法	性质	典 型 应 用	开 发 公 司
BMP	RLE（行程长度编码）	无损压缩	Windows 应用程序	Microsoft
TIF	RLE、LZW（字典编码）	无损压缩	桌面出版	Aldus，Microsoft
GIF	LZW	无损压缩	因特网	CompuServe
JPEG	DCT（离散余弦变换），Huffman 编码	既支持有损压缩，又支持无损压缩	因特网、数码照相机等	ISO/IEC
PNG	LZW	无损压缩	因特网	Unisys

1.2 开放图像数据集

微课 1-2
开放图像数据集

进入 21 世纪，得益于互联网兴起和摄影设备发展带来的海量数据，加之机器学习方法的广泛应用，使得计算机视觉技术发展迅速。2009 年李飞飞教授等在 CVPR 2009 上发表了一篇名为"ImageNet：A Large-Scale Hierarchical Image Database"的论文，并基于 ImageNet 数据集组织创办了国际性图像识别分类竞赛 ILSVRC（ImageNet Large Scale VisualRecognition Competition）。ILSVRC 共举办了 8 届，从最初的算法对物体进行识别的准确率只有 71.8% 上升到现在的 97.3%，识别错误率已经远远低于人类的 5.1%。2016 年，谷歌公司（Google）发布了 Open Image 数据集，里面包含了被分为 6 000 多类的 900 万张图片。之后，Google 升级了该数据集，标明了每个物体在图像中所在的位置。Google 旗下的 DeepMind 也公布了自己的数据集，里面包含了很多人的各种各样动作。以下是几种常用的数据集。

1. MNIST 手写字数据集

MNIST（Mixed National Institute of Standards and Technology）数据集是美国国家标准与技术研究院收集整理的大型手写数字数据库，如图 1-3 所示，是由 Google 实验室的 Corinna Cortes 与纽约大学柯朗研究所的 Yann LeCun 合作建立的手写数字数据库，是单色的图像，较简单。数据集共有数据 60 000 项，测试数据 10 000 项。数据集中每一项数据都是由图像与真实的数字所组成，经常被用作图像识别入门的数据集。

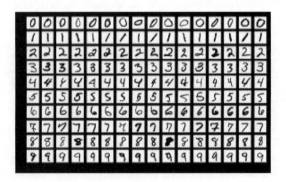

图 1-3

2. CIFAR-10/100 数据集

CIFAR-10 数据集一共包含 10 个类别的 RGB 彩色图片，如飞机（Airplane）、汽车（Aautomobile）、鸟类（Bird）、猫（Cat）、鹿（Deer）、狗（Dog）、蛙类（Frog）、马（Horse）、船（Ship）和卡车（Truck），如图 1-4 所示。CIFAR-10 数据集与之前的 MNIST 数据集相比，其色彩、颜色噪声点较多，同一类物体的大小、角度、颜色都会有所不同，所以 CIFAR-10 图像识别的难度比 MNIST 数据集高很多。CIFAR-10 数据集中每个分类有 6 000 个图像，共有 60 000 个 32×32 像素的彩色图像，有 50 000 个训练图像和 10 000 个测试图像。

图 1-4

本页彩图

CIFAR-100 数据集类似于 CIFAR-10，它有 100 个类，每个类包含 600 个图像，其中 500 个训练图像和 100 个测试图像。CIFAR-100 中的 100 个类被分成 20 个超类。每个图像都带有一个"精细"标签（它所属的类）和一个"粗糙"标签（它所属的超类）。CIFAR-10/100 也是常用于研究物体分类识别的数据集。

3. ImageNet 数据集

ImageNet 是一个计算机视觉系统识别项目，是目前世界上图像识别最大的数据库之一。该数据集由美国斯坦福大学的计算机科学家模拟人类的识别系统建立的，主要用于视觉目标识别研究，数据集中已有 1 419 万余张图片，分为 21 841 个类别，如图 1-5 所示，以至于它被誉为计算机视觉的标杆。在 1 400 多万张图中已标注图片中的对象，且至少有 100 万张图像同时标注了边框。

本页彩图

图 1-5

4. MS-COCO 数据集

MS-COCO 数据集中包含了从 Flickr 网站收集到的 30 万张真实世界中的照片。每一张照片都在像素级别分割成 91 种对象级别和 5 个独立的用户生成的句子来描述照片中的场景，如图 1-6 所示。

5. PASCAL VOC 数据集

PASCAL VOC 语义分割数据集是目标检测数据集，主要包括 11 000 张图像，数据集对目标像素标注信息为人类、6 类动物、7 类交通工具、6 类室内物体、背景等共 21 类，如图 1-7 所示。

6. Cityscapes 数据集

Cityscapes 数据集是用于研究自动驾驶环境下的语义分割数据集，共有 fine 和 coarse 两套评测标准，前者提供了包括 3 475 张训练集和 1 525 测试集精细标注的图像，后者额外提供 20 000 张粗糙标注的图像，如图 1-8 所示。

图 1-6

本页彩图

图 1-7

图 1-8

本页彩图

微课 1-3
网络图像
数据获取

1.3　网络图像数据获取

网络是最大的数据源，具有丰富的图像资源。自动从网络获取所需图像数据资源是建立海量专用图像数据库的重要途径。网络爬虫是自动获取网页信息的主要技术，其在搜索引擎领域得到了广泛的应用。

网络爬虫，又称为网页蜘蛛、网络机器人，是一种按照一定的规则，能自动抓取万维网信息的程序或者脚本。通常需要抓取的是某个网站或者某个应用的内容，从中提取有价值的信息，内容一般分为两部分——非结构化的数据和结构化的数据，图像数据就属于非结构化的数据。

1. 网络爬虫的工作流程

网络爬虫的主要获取对象是网页，得到的数据有 HTML 文档、PDF 文档、Word 文档、视频、音频等，这些都是用户可以看到的。网络爬虫的主要思想是模拟人的浏览操作，在这种模拟的基础上，解析网页并提取数据。网络爬虫的具体工作流程如下：

首先，从一个 URL（网络地址）开始抓取。Python 语言提供了很多类似的函数库或框架，如 urllib、request、scrapy 等，通过模拟真实用户浏览网页行为，获取 URL 所对应的网页。

然后，通过对上一步获取的网页代码进行解析，可以通过 re（正则表达式）、BeautifulSoup4、HTMLParser 等函数库来处理，提取出一系列的 URL 和目标数据。这些 URL 会被网络爬虫加入到待抓取的 URL 列表中，而感兴趣的数据则被保存到指定位置。

接下来，网络爬虫从上一步得到的待抓取 URL 列表中依次抓取每个 URL，通过模拟真实用户的浏览行为获取到相应的网页。

最后，从上一步获取到的网页中提取 URL 和目标数据，URL 加入到待抓取列表中等待下一次网络爬虫访问，目标数据则保存到指定位置。

2. 数据抓取的实现

（1）urllib 的使用

urllib 是 Python 内置的 HTTP 请求库，集成多个 URL 处理模块，可以对 URL 进行访问、读取、操作、分析。urllib 直接导入即可使用，无须安装，其包含以下 4 个模块。

- request：最基本的 HTTP 请求模块，用来模拟发送请求，用于访问 URL 所指向的网页内容。
- error：异常处理模块，专门用于捕捉爬取网页时所产生的各种异常。
- parse：主要解析模块，提供了许多 URL 地址处理方法，如拆分、解析、合并等。
- robotparser：主要读取、解析、处理网站 robots.txt 文件的相关函数。robots.txt 文件是网站管理者表达是否希望爬虫自动抓取和禁止抓取的 URL 内容，标准网站都包含一个 robot.txt 文件，合法的爬虫程序应该遵守该文件中的规定。

urllib 模块提供的上层接口极大方便了用户读取网络数据，其常用函数有 urlopen() 和 urlretrieve()。以下是快速使用 urllib 爬取网页的案例，具体代码如下：

```
1  import urllib.request
2  # 调用 urllib.request 库的 urlopen() 函数,并传入一个 URL
3  response = urllib.request.urlopen('https://www.python.org')
4  html = response.read().decode('UTF-8') #使用 read()方法读取获取到的网页内容
5  print(html) # 打印网页内容
```

上述代码爬取的网页结果部分如图 1-9 所示。

```
<!doctype html>
<!--[if lt IE 7]>    <html class="no-js ie6 lt-ie7 lt-ie8 lt-ie9">  <![endif]-->
<!--[if IE 7]>       <html class="no-js ie7 lt-ie8 lt-ie9">         <![endif]-->
<!--[if IE 8]>       <html class="no-js ie8 lt-ie9">                <![endif]-->
<!--[if gt IE 8]><!--><html class="no-js" lang="en" dir="ltr">  <!--<![endif]-->

<head>
    <meta charset="utf-8">
    <meta http-equiv="X-UA-Compatible" content="IE=edge">

    <link rel="prefetch" href="//ajax.googleapis.com/ajax/libs/jquery/1.8.2/jquery.min.js">

    <meta name="application-name" content="Python.org">
    <meta name="msapplication-tooltip" content="The official home of the Python Programming Language">
    <meta name="apple-mobile-web-app-title" content="Python.org">
    <meta name="apple-mobile-web-app-capable" content="yes">
    <meta name="apple-mobile-web-app-status-bar-style" content="black">
```

图 1-9

执行以上第 1 行~第 4 行代码，便实现了网页访问和读取网页源代码这两个步骤。首先通过 import urllib. request 导入爬虫程序要使用的 urllib. request 模块。通过 urilib. request 模块内置的 urlopen( ) 函数，访问 Python 官方的网页，将 urlopen( ) 函数返回的 URL 对象赋值给变量 response，至此完成了访问网页的步骤。最后，通过 URL 对象的 read( ) 函数读取 URL 对象的 HTML 源代码字符串，并将源代码字符串输出。值得一提的是，response. read ( ) 函数返回的是一个字符串，该字符串为 www. python. org 的 HTML 源代码，可以通过浏览器查看网页源代码。

如果要把对应文件下载到本地，可以使用 urlretrieve( ) 函数将远程数据下载到本地，例如：

```
1   import urllib. request
2   urllib. request. urlretrieve('http://www. baidu. com/img/flexible/logo/pc/index. png',
'logo. png')
```

上述代码就可以把百度搜索主页面的图片资源 index. png 下载到本地，生成 logo. png 图片文件。

如同浏览器交互使用一样，urlopen( ) 函数代表请求过程，返回的 response 对象作为响应结果。可以使用 response 对象的常用函数获取相关 URL、响应信息和响应状态等，见表 1-2。

urlopen( ) 函数中 data 参数可以设置是否向服务器发送数据。如果没有设置 urlopen( ) 函数的 data 参数，HTTP 请求采用 GET 方式，也就是从服务器获取信息；如果设置 data 参数，HTTP 请求采用 POST 方式，也就是向服务器传递数据。

表 1-2

函　　数	用　　途
read( )、readlines( )、close( )	使用方法与文件对象一致，具体见文件管理内容详细介绍
info( )	返回远程服务器的头信息，等同于 getheaders( ) 函数
geturl( )	返回请求的 URL
getcode( )	返回 HTTP 状态码。如果是 HTTP 请求，则 200 表示请求成功完成，404 表示网址未找到

有时候一些网站不想被爬虫程序访问，其会检测连接对象，如果是爬虫程序，也就是非人为点击访问会阻止继续访问。所以，为了让程序可以正常运行，需要隐藏爬虫程序的身份，此时通过设置 User Agent（用户代理）来达到隐藏身份的目的。Python 允许用户修改 User Agent 来模拟浏览器访问。

因为通过 urlopen( ) 函数并不能直接修改 User Agent 属性，因此需要在 urlopen( ) 函数访问 URL 之前，通过 urllib. request 模块的 Request( ) 函数修改。urllib. request. Request( ) 函数将定义并返回 Request 对象，在创建 Request 对象时，填入 headers 参数（包含 User Agent 信息）。注意，该参数为字典。如果不添加 headers 参数，在创建完成之后，使用 add_header( ) 方法添加。

综上所述，设置 User Agent 的方法有以下两种。

方法 1：实例化 Request 对象，修改 headers 参数。代码如下：

```
1   from urllib import request
2   base_url = 'http://www. baidu. com'
3   headers = { }
4   headers [ " UserAgent " ] = ' Mozilla/5. 0（Windows NT 10. 0；Win64；x64）
AppleWebKit/537. 36（KHTML, like Gecko）Chrome/63. 0. 3239. 84 Safari/537. 36'
5   req = request. Request( url=base_url, headers=headers)
6   response = request. urlopen( req)
7   html = response. read( ). decode('utf-8')
```

方法 2：通过 Request 对象的 add_header( ) 函数添加。代码如下：

```
1   from urllib import request
2   base_url = 'http://www.baidu.com'
3   req = request.Request(base_url)
4   req.add_header("UserAgent", 'Mozilla/5.0 (Windows NT 10.0; Win64; x64)
    AppleWebKit/537.36 (KHTML, like Gecko) Chrome/63.0.3239.84 Safari/537.36')
5   response = request.urlopen(req)
6   html = response.read().decode('utf-8')
```

（2）requests 的使用

urllib 库提供了大部分 HTTP 功能，使用起来比较烦琐。通常会使用另一个第三方库 requests，其最大优点是爬虫过程更接近 URL 访问过程。网络爬虫第一步是数据的抓取，也就是使用 requests 库实现发送 HTTP 请求和获取 HTTP 响应的内容。requests 库提供了几乎所有的 HTTP 请求的方法，见表 1-3。

表 1-3

函　　数	描　　述
get(url[, timeout = n])	对应于 HTTP 的 GET 方法，请求指定的网页信息，并返回，timeout 设置每次请求超时时间为 n 秒
head(url)	对应于 HTTP 的 HEAD 方法，类似于 GET 请求，获取头信息
post(url,data = {'key':'value'})	对应于 HTTP 的 POST 方法，向服务器提交数据，并处理请求，其中字典用于传递客户数据
delete(url)	对应于 HTTP 的 DELETE 方法，请求服务器删除指定的页面
options(url)	对应于 HTTP 的 OPTIONS 方法，允许客户端查看服务器的性能
put(url,data = {'key':'value'})	对应于 HTTP 的 PUT 方法，从客户端向服务器传送的数据取代指定的文档内容，其中字典用于传递客户数据

其中，get()函数是获取网页最常用的方式，调用该函数后，返回的是网页内容并以 Response 对象储存。例如：

```
1   import requests
2   response = requests.get('https://www.python.org')
3   type(response)
```

输出结果如下：

```
requests. models. Response
```

与浏览器的交互使用一样，get( )函数如同发送 HTTP 请求，返回 Response 对象就是 HTTP 响应。可以通过 Response 对象的不同属性来获取不同内容，使用方法是"对象名 . 属性名"。Response 对象的常用属性及函数见表 1-4。

表 1-4

属性及函数	描　　述
text	HTTP 响应内容的字符串形式，即 URL 对应的页面内容
content	HTTP 响应内容的二进制形式
encoding	HTTP 响应内容的编码方式
status_code	HTTP 请求的返回状态，整数，200 表示连接成功，404 表示连接失败
json( )	如果 HTTP 响应内容包含 JSON 格式数据，则该方法解析 JSON 数据
raise_for_status( )	如果 status_code 不是 200，则产生异常

（3）BeautifulSoup4 解析数据

抓取到数据后，就可以对 HTTP 响应的原始数据进行分析、清洗，以及提取所需要的数据。解析 HTML 数据可使用正则表达式（re 模块）或第三方库，如 beautifulSoup4、scrapy 等。在学习解析网页数据前先需要熟悉网页文档的基本结构。

1）网页数据和结构。抓取的数据，也就是服务器返回给客户端的数据，其格式分为半结构化和非结构化。非结构化数据主要包括 Word、PDF 等办公文档，以及 HTML 文档、图像等，而半结构化数据包括 XML 文档和 JSON 文档等。

网页结构即网页内容的布局，通过 HTML（一种标记语言）定义一套标签来刻画网页显示时的页面布局。使用浏览器打开某一网页，这里以 Chrome 浏览器为例，在其右键菜单中选择"查看页面源代码"命令可实现查看其页面源代码。网页的源代码实际上是个 HTML 文本文件，可以使用文本编辑器等编写网页源代码。网页源代码主要包含文档内容和标签两类元素。图 1-10（a）所示是网页的源文件；图 1-10（b）所示是其网页。下面将具体讲解网页的结构组成以及常用标签的具体作用。

(a)   (b)

图 1-10

<!DOCTYPE html>表示这是一个 HTML 文档，<html>…</html>告诉浏览器网页的开始和结束，其中包含<head>和<body>标签，文档中所有内容都在这两个标签之间。网页有题头部分，题头里包括标题等，标题下是正文，也就是<body>标签，正文里有段落、图片、表格等标签。

<head>…</head>：表示这是网页的题头部分。

<title>…</title>：表示这是网页的标题。

<body>…</body>：表示这里面是网页的正文部分。

HTML 就是通过这些标签，将所要表示的内容用 HTML 规定的"标签框起来"，网页中常用的标签及其作用见表 1-5。

表 1-5

标　签	作　用
<meta>…</meta>	元信息标签，用于定义页面中的信息，如文档的解码方式、关键字等
<style>…</style>	层叠样式标签，位于网页文档的头部，用于设定 CSS 样式
<a>…</a>	标识超链接，格式如< a href = " URL " ></a>，其中 URL 可以是 HTML 文件、网址（需要加 http://）等
<div>…</div>	定义文档中的分区或节，把文档分割为独立的、不同的部分
<script>…</script>	脚本标签，用于设定页面中的程序脚本
<hx>…</hx>	标识文本的标题，其中 x 代表 1~6，表示一~六级标题

标　签	作　用
\<p\>…\</p\>	标识文本的段落
\<li\>…\</li\>	标识列表项目，另外\<ul\>…\</ul\>表示无序列表，\<ol\>…\</ol\>是有序列表
\<font\>…\</font\>	定义字体格式，拥有多个属性
\<table\>…\</table\>	定义表格结构，定义单元格用\<td\>…\</td\>标签
\<img\>…\</img\>	插入图片标签，包含多个修饰图片的属性，最常见的是 src，如\<img src = URL\>\</img\>，其中 URL 可以是图像文件、网址（需要加 http://）等

HTML 标签（元素）包含的属性众多，以下是大部分常用标签的公共属性的基本属性。

- class：定义类规则或样式规则。
- id：定义元素的唯一标识。
- style：定义元素的样式声明。

2）BeautifulSoup4 的使用。

① BeautifulSoup 的安装：BeautifulSoup 是可以从 HTML 或 XML 文件中提取数据的 Python 第三方库，其中 BeautifulSoup4 是最常用的版本，简称 bs4。它提供了丰富的网页元素的处理、遍历、搜索与修改方法。通过 BeautifulSoup 可以使用简短的代码完成 HTML 和 XML 源代码数据的查找、匹配与提取。由于是第三方库，因此需要通过 pip 命令安装。Windows 系统命令提示符 cmd 环境下 pip 安装命令如下：

```
pip install beautifulsoup4
```

② BeautifulSoup 的调用：BeautifulSoup 本身并不能访问网页，需要先使用 urllib 库或者 requests 库获取网页源代码，然后使用 BeautifulSoup 解析并提取数据。BeautifulSoup 库中主要的类是 BeautifulSoup，它的实例化对象相当于一个页面。可以使用 from-import 语句方式来导入库中的 BeautifulSoup 类，调用 BeautifulSoup() 函数创建一个 BeautifulSoup 对象。例如：

```
1   import urllib. request
2   from bs4 import BeautifulSoup # 从 bs4 库中导入 BeautifulSoup 类
3   r = urllib. request. urlopen('http://www. baidu. com')
4   r. encoding = 'utf-8'    # 更改编码方式
5   soup = BeautifulSoup(r, "html. parser")# 创建 BeautifulSoup 对象
6   type(soup) # 查看 soup 类型
```

输出结果如下：

```
bs4. BeautifulSoup
```

上述创建的 BeautifulSoup 对象得到的是一个树结构，它几乎包含了 HTML 页面中的标签元素，如<head>、<body>等。

③ BeautifulSoup 对象的某一个属性对应 HTML 中的标签元素，可以通过"对象名．属性名"形式获取属性值。常用的属性名及其含义见表 1-6。

表 1-6

属　　性	描　　述
head	对应 HTML 页面的<head>内容
title	对应 HTML 页面标题，在<head>中，由<title>标记
body	对应 HTML 页面的<body>内容
p	对应 HTML 页面中第一个<p>内容
a	对应 HTML 页面中第一个<a>内容
string	对应 HTML 页面所有呈现在 Web 上的字符串，即标签的内容

可以将 BeautifulSoup 对象理解为对应整个文档的标签树对象，标签树中的具体标签节点也叫作 Tag 对象。Tag 对象有 4 个常用属性，见表 1-7。

表 1-7

属　　性	描　　述
name	字符串，标签的名字，如 head、title 等
attrs	字典，包含了页面标签的所有属性（尖括号内的其他项），如 href、src
contens	列表，该标签下所有子标签的内容
string	字符串，标签所包围的文字，网页中真实的文字（尖括号之间的内容）

实际上，一个网页文件中同一个标签可以出现多次，如直接调用 soup. a 只能返回第一个标签。当需要列出对应标签的所有内容或找到非第一个标签时，可以使用 BeautifulSoup 对象的 find_all( ) 函数。该函数会遍历整个 HTML 文件，按照条件返回标签内容（列表类型）。其语法格式如下：

> 对象名 . find_all(name , attrs , recursive , string , limit)

其中各参数含义如下。

- name：表示 Tag 标签名。
- attrs：表示按照 Tag 标签属性值检索（需列出属性名和值）。
- recursive：表示查找层次（BeautifulSoup 默认检索当前标签的所有子孙节点，如果只搜索标签的直接子节点，可以使用参数 recursive = False）。
- string：表示按照关键字检索 string 属性内容（采用 string = 开始）。
- limit：表示返回结果的个数，默认全部返回。

此外 BeautifulSoup 类还提供了一个 find( ) 函数，用于返回找到的第一个结果（字符串），其用法与 find_all( ) 函数类似。简单地说，BeautifulSoup 对象的 find_all( ) 函数可以根据标签名、标签属性和内容，检索并返回标签列表。还可以通过正则表达式检索片段字符串。

项目任务

任务 1-1　拍照完成图片数据采集

任务描述

手势识别作为人机交互的重要组成部分，其研究发展影响着人机交互的自然性和灵活性。现阶段的手势识别主要基于视觉的处理方法，通常得到的手势背景简化，但现实中受光照等外界因素影响大，对于手势图像的识别并不理想，复杂度和应用场景受限。因此，本案例选择外界复杂环境以获得更多不同场景下的数据，使用手机拍照采集表示数字 1~5 的手势照片，每个数字分别采集 20 张，并放入与之对应的 gesture-1（数字 1，下同）、gesture-2、gesture-3、gesture-4 和 gesture-5 这 5 个文件夹中。

任务实施

步骤 1：采集手势数字图片。

使用手机分别拍摄表示数字 1~5 的手势照片各 20 张，其中正手 10 张、反手 10 张。拍摄方式如图 1-11 所示。

打开手机相册，检查拍摄情况，如图 1-12 所示。

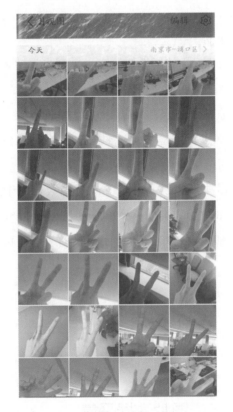

图 1-11　　　　　　　　　　　　图 1-12　　　　　　　　　　本页彩图

确认照片无误后，使用手机自带的 USB 传输线将图片传输到计算机上。

步骤 2：整理采集的图片。

选择计算机的中某个目录，创建 5 个文件夹，分别为 gesture-1、gesture-2、gesture-3、gesture-4 和 gesture-5，如图 1-13 所示。

分别将表示数字 1 的手势放入 gesture-1 文件夹，将表示数字 2 的手势放入 gesture-2 文件夹，依此类推，即完成手势图片的整理。

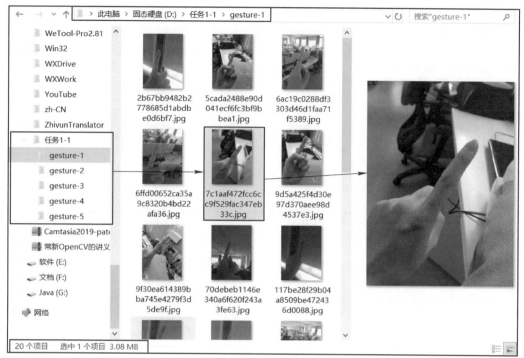

图 1-13

本页彩图

任务 1-2　下载开放图片数据集

任务描述

计算机视觉应用结果非常依赖数据集的质量，高质量的数据集即数据量庞大、标签正确的数据集，需要耗费大量的劳动力成本，特别是在某些特殊领域，如医学图像，其标注工作需要具备专业知识的人员才能完成，导致这些领域的带有标签的数据量稀少。因此，如果希望能够在数据丰富且标签准确的数据集中完成计算机视觉所做的工作，可以充分利用现有的开放数据资源并且能够节省大量劳动力成本。本任务将完成常用于测试图像识别领域研究的数据集 MNIST 的下载。

任务实施

步骤 1：下载 MNIST 数据集。

进入 MNIST 数据集的官网，在页面上可以找到一共 4 个文件名称，分别是训练数据集、训练数据集标签、测试数据集和测试数据集标签，见表 1-8。

表 1-8

数 据 文 件	大 小/B	含 义
train-images-idx3-ubyte. gz	9912422	训练数据集
train-labels-idx 1-ubyte. gz	28881	训练数据集标签
t10k-images-idx3-ubyte. gz	1648877	测试数据集
t10k-labels-idxl-ubyte. gz	4542	测试数据集标签

下载这 4 个文件，并把解压后的文件放入新建的 MNIST_ data 文件夹中，如图 1-14 所示。

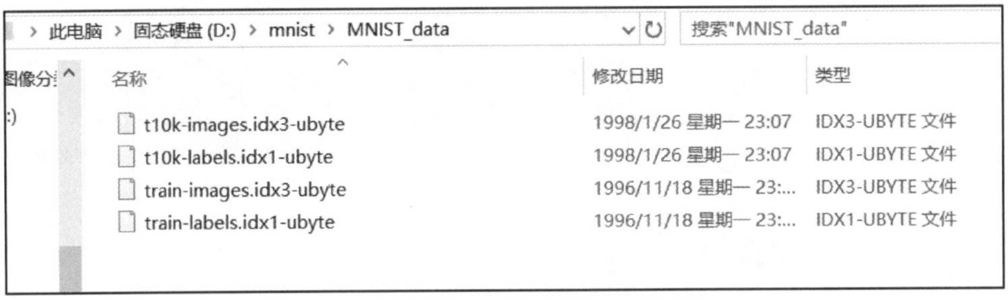

图 1-14

步骤 2：认识 MNIST 数据集。

MNIST 数据以一种非常简单的文件格式存储，可以看出直接下载的数据解压之后是以 idx3-ubyte、idx1-ubyte 这种格式存储，该格式是为存储向量和多维矩阵而设计的。

现在的计算机系统一般采用字节（Byte）作为逻辑寻址单位。当物理单位的长度大于 1 字节时，就要区分字节顺序（Byte Order，or Endianness）。常见的字节顺序有 Big Endian（High-byte first）和 Little Endian（Low-byte first）两种。Intel x86 平台采用 Little Endian，而 PowerPC 处理器则采用了 Big Endian。MNIST 数据集采用了 Big Endian 方式存储，各文件的存储文件说明如下：

训练集标签文件（train-labels-idx1-ubyte），如图 1-15 所示。

```
[offset] [type]          [value]            [description]
0000     32 bit integer  0x00000801(2049)   magic number (MSB first)
0004     32 bit integer  60000              number of items
0008     unsigned byte   ??                 label
0009     unsigned byte   ??                 label
........
xxxx     unsigned byte   ??                 label
```

图 1-15

训练集图片文件（train-images-idx3-ubyte），如图 1-16 所示。

```
[offset] [type]                    [value]              [description]
0000        32 bit integer    0x00000803(2051) magic number
0004        32 bit integer    60000                    number of images
0008        32 bit integer    28                        number of rows
0012        32 bit integer    28                        number of columns
0016        unsigned byte     ??                        pixel
0017        unsigned byte     ??                        pixel
........
xxxx        unsigned byte     ??                        pixel
```

图 1-16

测试集标签文件（t10k-labels-idx1-ubyte），如图 1-17 所示。

```
[offset] [type]                    [value]              [description]
0000        32 bit integer    0x00000801(2049) magic number (MSB first)
0004        32 bit integer    10000                    number of items
0008        unsigned byte     ??                        label
0009        unsigned byte     ??                        label
........
xxxx        unsigned byte     ??                        label
```

图 1-17

测试集图像文件（t10k-images-idx3-ubyte），如图 1-18 所示。

```
[offset] [type]                    [value]              [description]
0000        32 bit integer    0x00000803(2051) magic number
0004        32 bit integer    10000                    number of images
0008        32 bit integer    28                        number of rows
0012        32 bit integer    28                        number of columns
0016        unsigned byte     ??                        pixel
0017        unsigned byte     ??                        pixel
........
xxxx        unsigned byte     ??                        pixel
```

图 1-18

由于直接下载的数据文件不是任何标准的图像格式，而是以字节的形式存储，因此是无法通过解压或者应用程序打开，必须编写程序来打开它。

任务 1-3　爬取网络图片数据

任务描述

爱狗人士可以通过网络交流平台（如百度贴吧）发布关于流浪狗领养的信息，把失去家园的狗的图片发布出去，供有余力的人家领养，从而帮助这些流浪狗获得爱与关怀。但是在交流平台上交换的信息内容大部分与主题无关，本案例就是实现通过数据爬取，快速取得百度贴吧内流浪狗领养的相关图片，以便筛选。

在 Python 中通过数据爬取库函数（urllib）获取百度贴吧中流浪狗领养贴的页面内容，使用数据解析库函数（beautifulsoup4）解析页面内容图片地址，然后将图片下载到本地计算机。

任务实施

步骤 1：分析网页。

本任务是爬取百度贴吧流浪狗领养帖中的图片，在进行抓取之前首先获取图片地址信息标签位置。

打开网页，右击，在弹出的快捷菜单中选择"查看页面源代码"命令（或按 F12 快捷键），即可看到网页源代码（以火狐浏览器为例）。在弹出的页面源代码窗口中单击左上角的小箭头，选中页面中的元素（或按 Ctrl+Shift+C 组合键），单击查看的图片，如图 1-19 所示。跳转到图片信息所在的代码行，如图 1-20 所示。

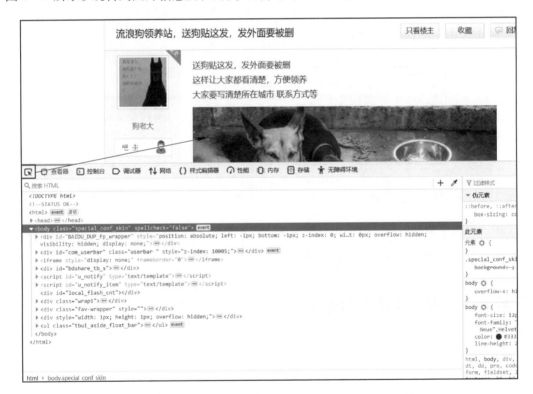

图 1-19

可以看到图片标签<img>，文档内标识属性<class>，图片 URL 属性<src>，以及图片大小属性<size>、<width>和<height>，截取部分代码如下：

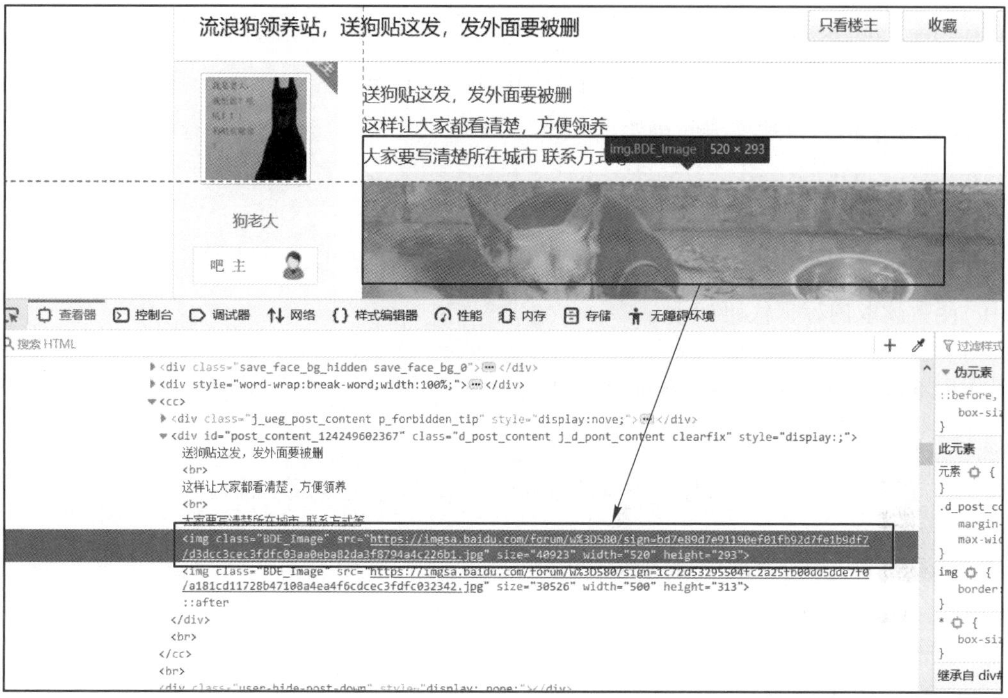

图 1-20

<img class = " BDE _ Image" src = " https：//imgsa. baidu. com/forum/w% 3D580/sign = bd7e89d7e91190ef01fb92d7fe1b9df7/d3dcc3cec3fdfc03aa0eba82da3f8794a4c226b1. jpg" size = "40923" width = "520" height = "293" >

步骤 2：读取网页内容。

接下来开始编写代码，首先创建一个文件名为 fetch_image. py 的文件，代码中首先导入 urllib. request 和 bs4。参考代码如下：

```
1  import urllib. request
2  from bs4 import BeautifulSoup
3  domain = 'https：//tieba. baidu. com/p/6045474546' #定义图像 URL
```

某些网站会采取反爬机制，限制用户对网站内容进行网页爬取，解决方法是修改 User Agent 来模拟浏览器访问，代码如下：

```
4  req = urllib. request. Request( domain) # 构造一个请求
5  # 给请求添加头信息 Host、Referer、User-Agent
```

```
6    req. add_header('Host','tieba. baidu. com')
7    req. add_header('Referer','https://tieba. baidu. com/')
8    # 用虚拟客户端模拟的浏览器
9    req. add_header('User-Agent','fake-client')
```

通过 urllib. request 的 urlopen( )函数打开网站并发起请求，以获取所需数据，再通过 read( )函数读取内容，代码如下：

```
10   html=urllib. request. urlopen(req)
11   info = html. read( )
12   print('打印 info','\n',info) #打印输出结果,检查是否成功执行
```

输出结果首行如下所示，表示成功爬取。

打印 info
b'<!DOCTYPE html><!—STATUS OK--><html><head><meta name=" keywords" >

接下来需要解析 info，以及下载图片并重命名，这里使用 urlretrieve( )函数，其功能是取得图片 URL 并下载到本地计算机，同时打印输出"全部抓取完成"提示信息。

步骤 3：获取图片数据。

接下首先创建一个 BeautifulSoup 对象，获取的数据除了图片还有很多无用的数据，需要做筛选。

BeautifulSoup4 库中主要的类是 BeautifulSoup，其实例化对象相当于一个页面，得到的是一个树结构，包含 HTML 页面的每一个标签（Tag），如<head>、<body>等，可以理解这时候 HTML 中的结构都变成了 BeautifulSoup 的一个属性，可以直接通过 Tag 属性访问。这样，就可以通过 Tag 属性获取到图片的路径。

函数内定义 soup 这个 BeautifulSoup 对象，查看是否输出成功，代码如下：

```
13   soup = BeautifulSoup(info,'html. parser')
```

函数内的第 2 个参数 html. parser，指明采用 HTML 解释器。

百度贴吧页面内图片标识为 BDE_Image，通过 find_all（）函数进行筛选，并打印查看是否只有图片数据，参考代码如下：

```
14   all_img = soup.find_all('img', class_ = 'BDE_Image') #找到所有图片标签
15   print("打印 all_img",all_img)
```

可以看到变量 all_img 已经存储了筛选出的图片数据，包含图片基本信息，如 height、size、src、width 等。输出的结果截取部分如下：

> 打印 all_img ［<img class = "BDE_Image" height = "293" size = "40923"　src = "https://imgsa.baidu.com/forum/w%3D580/sign=bd7e89d7e91190ef01fb92d7fe1b9df7/d3dcc3cec3fdfc03aa0eba82da3f8794a4c226b1.jpg" >

使用 for 循环遍历 all_img 内容把每个图像进行重命名，通过 urllib.request.urlretrieve()函数下载图片并保存到本地。该函数有一个必填参数，即网页<img>标签的 src 属性，以及一个可选参数，即下载之后的图片存放路径。其中图片存放路径可以只写一个文件名（image_name），这样会默认保存到工作目录，也可以指定路径。参考代码如下：

```
16   i = 0
17   for img in all_img:
18       image_name = '%s.jpg'% i
19       i = i+1
20   # 下载图片并保存到本地磁盘的 downloads 文件夹
21       urllib.request.urlretrieve(img['src']," D:\\downloads\\ "+image_name)
22       print(' 成功抓取到图片 ',img['src'])
23   print(' 抓取完成！')
```

使用 requests 方法的参考代码如下：

```
1   import requests
2   from bs4 import BeautifulSoup
3   url = 'https://tieba.baidu.com/p/6045474546'
4   #设置请求头
5   header = {"User-Agent": "Mozilla/5.0 (Windows NT 10.0; Win64; x64; rv:70.0)
    Gecko/20100101 Firefox/70.0"}
6   r = requests.get(url,headers = header)
```

```
7    info = r. text
8    soup = BeautifulSoup(info,'html. parser')
9    all_img = soup. find_all('img', class_ = 'BDE_Image')
10   for index,img in enumerate(all_img):
11       src = img['src']
12       url = " D:\\ downloads\\ " + str(index+1) + ". jpg"
13       r = requests. get(src)
14       #下载图片
15       with open(url, 'wb') as f:
16           f. write(r. content)
17       print("下载完%d 张了 . . . "%(index+1))
```

项目总结

本项目介绍了网络爬虫工作过程，主要包括通过 urllib 库获取网页数据以及通过 Beau-tifulSoup4 库解析数据等步骤，实现了使用适当的工具，从网络爬取图像等视觉数据的功能，并由此掌握数据爬取的基本流程，初步具备了解决爬取图像等视觉数据类相关问题的能力。在数据集采集方面，可以实现从无到有创建一个全新的数据集，也可以熟练获取并运用已有的开放数据集，为下一步视觉数据标注打下坚实的基础。

项目2 数据文件整理

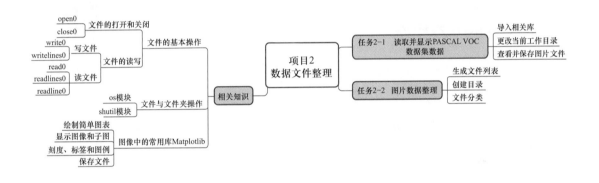

学习情境

　　无论是现场采集的图像数据，还是通过网络爬取的图像数据，在做数据预处理前都需要进行图像的浏览及整理，以了解是否满足后续应用开发的需求。在大数据与人工智能时代，Python 丰富的工具包在科学计算、文件处理、数据可视化等领域越来越凸显其价值。利用 Python 开发文件数据批处理脚本程序，配置简单、效率高且方便实用，能够大大减少文件数据处理工作中的重复性劳动，减少手工操作的工作量。

学习目标

1. 能够使用 Python 进行文件的打开、关闭、读写以及目录管理操作。

2. 能够使用文件与文件夹操作的 os 模块、shutil 模块进行转换图片格式、保存文件、获取文件大小、移动文件等操作。

3. 能够使用 Matplotlib 完成绘图、绘子图、添加图表名、修改标题、读取图像及展示图像操作。

相关知识

无论是查看下载的开放图像数据集，还是整理爬取的图像文件，都需要使用 Python 的一些相关库。下面将介绍文件的基本操作、Python 的 os 与 shutil 库，以及图像的常用库 Matplotlib。

2.1　文件的基本操作

微课 2-1
文件与文件夹
的操作

1. 文件的打开

Python 对文本文件和二进制文件的操作流程是一样的：首先打开文件或创建文件对象，然后通过该对象提供的方法对文件内容进行读取、写入、删除、修改等操作，最后关闭并保存文件内容。

Python 系统提供内置的 open( ) 函数用于建立文件对象，并打开要读/写的文件，其语法格式如下：

文件对象名 = open(文件名[,打开方式])

其中，文件名指定了被打开的文件名称，以字符串形式表示，既可以是绝对路径，也可以是相对路径。

磁盘上可以存放很多文件，为了方便管理和查找，应在磁盘上建立文件目录。文件目录采用多级的目录结构，如果文件不在当前目录（也称默认目录，对一个文件进行操作，若未指定文件所在的目录，磁盘操作系统认为该文件处于当前目录，也可以理解为当前正在使用的目录），在多级目录结构中查找文件时，就必须指明盘符、相应的查找路径名和文件名。在 Windows 操作系统中把路径沿途各级子目录名用反斜杠"＼"分隔（Linux 系统中是"／"），就形成了路径名。如果把文件名包含在路径中，则可将文件名视作最后一级子目录。

路径有以下两种表达方式：

① 绝对路径。从根目录开始（即以"＼"开头，Linux 系统以"／"开头）的任意路

径，如 C：\user\data\img. jpg。

② 相对路径。从当前目录开始的路径，如 data\img. jpg。

要打开的文件可以是文本文件或二进制文件。如果文件不在当前工作目录，需要指出文件的路径。文件打开方式是一个字符串参数，包括只读、写入、追加等，默认是只读（'r'），完整的打开方式参数说明见表 2-1。

表 2-1

访问模式 （打开方式）	说　　明
r	默认模式，以只读方式打开文件。文件的指针将会指向文件的开头
w	打开一个文件只用于写入。如果该文件已存在，则将其覆盖；如果该文件不存在，则创建新文件
a	打开一个文件用于追加。如果该文件已存在，文件指针将会指向文件的结尾，即新的内容将会被写入到已有内容之后；如果该文件不存在，则创建新文件后写入
rb	以二进制格式打开一个文件用于只读。文件指针将会指向文件的开头
wb	以二进制格式打开一个文件只用于写入。如果该文件已存在，则将其覆盖；如果该文件不存在，则创建新文件
ab	以二进制格式打开一个文件用于追加。如果该文件已存在，文件指针将会指向文件的结尾，即新的内容将会被写入到已有内容之后；如果该文件不存在，则创建新文件进行写入
r+	打开一个文件用于读写。文件指针将会指向文件的开头
w+	打开一个文件用于读写。如果该文件已存在，则将其覆盖；如果该文件不存在，则创建新文件
a+	打开一个文件用于读写。如果该文件已存在，文件指针将会指向文件的结尾，即文件打开时会是追加模式；如果该文件不存在，则创建新文件用于读写
rb+	以二进制格式打开一个文件用于读写。文件指针将会指向文件的开头
wb+	以二进制格式打开一个文件用于读写。如果该文件已存在，则将其覆盖；如果该文件不存在，则创建新文件
ab+	以二进制格式打开一个文件用于追加。如果该文件已存在，文件指针将会指向文件的结尾；如果该文件不存在，则创建新文件用于读写

2. 文件的关闭

对于一个已经打开的文件，无论是否进行读写操作，在不需要的情况下应及时关闭，这是为了中断文件与内存数据存储区的联系，释放打开文件时占用的系统资源。Python 提供 close( )函数用于关闭文件，假如打开的文件生成一个文件对象 file，运行 file. close( )命令即可。

例如，以追加方式打开一个名为 test. txt 的文件，然后关闭文件，代码如下：

```
1    file = open('test. txt','a')
2    file. close( )# 关闭这个文件
```

3. 写文件

Python 提供了 write( )和 writelines( )两个与文件写入有关的函数。write( )函数是向文件中写入指定字符串；writelines( )函数是向文件中写入一系列的字符串。这一系列字符串可以是由迭代对象产生的，如一个字符串列表。例如下面的代码：

```
1    file = open ("test. txt","a")
2    List01 = list('abcd')
3    file. write( str( List01) + '\n')    # '\n'表示后续换行后再追加
4    file. writelines( List01)
5    file. close( )
```

4. 读文件

从文件中读取数据时，可以通过多种方式来获取，具体分为以下 3 种：

（1）使用 read( )函数读取文件

该函数用于从文件中读取指定的字节数，如果未给定参数或参数为负，则读取整个文件内容，其语法格式如下：

```
文件对象名 . read([ size ])
```

其中，size 为从文件中读取的字节数，该函数返回从文件中读取的字符串。

（2）使用 readlines( )函数读取文件

若文件的内容很少，则可以使用 readlines( )函数把整个文件中的内容进行一次性读取。readlines( )函数会返回一个列表，列表中的每个元素为文件中的每一行数据。

（3）使用 readline( ) 函数读取数据

使用 readline( ) 函数可以一行一行地读取文件中的数据。

以上述 test.txt 文件为例，分别使用 3 种函数读取该文件，代码如下：

```
1   # 使用 read( )函数读取文件
2   file = open("test.txt")
3   content01 = file.read( )
4   print("======content01======\n",content01)
5   file.close( )
6   # 使用 readline( )函数一行一行读数据
7   file = open("test.txt")
8   content02 = file.readline( )
9   print("======content02======\n",content02)
10  file.close( )
11  # 使用 readlines( )函数读取文件
12  file = open("test.txt")
13  content03 = file.readlines( )
14  print("======content03======\n",content03)
15  file.close( )
```

输出结果如下：

```
======content01======
['a', 'b', 'c', 'd']
abcd
======content02======
['a', 'b', 'c', 'd']


======content03======
["['a', 'b', 'c', 'd']\n", 'abcd']
```

2.2　文件与文件夹操作

文件和文件夹操作主要有文件重命名、文件删除、创建文件夹、删除文件夹等。

1. os 模块

os 模块是用于操作系统功能和访问文件系统的 Python 标准库，此外还提供了大量文件级操作的方法，主要用于操作和处理文件路径。在本任务中主要用于文件移动。表 2-2列出了几个常用的函数。

表 2-2

函　　数	功　能　说　明
os. rename(src, dst)	重命名（从 src 到 dst）文件或目录，可以实现文件的移动，若目标文件已存在，则抛出异常
os. remove(path)	删除路径为 path 的文件，如果 path 是一个文件夹，则抛出异常
os. mkdir(path[,mode])	创建目录，要求上级目录必须存在。参数 mode 为创建目录的权限，默认创建的目录权限为可读可写可执行
os. getcwd( )	返回当前工作目录
os. chdir(path)	将 path 设为当前工作目录
os. listdir(path)	返回 path 目录下的文件和目录列表
os. rmdir(path)	删除 path 指定的空目录，如果目录非空，则抛出异常
os. removedirs(path)	删除多级目录，目录中不能有文件

os 常用函数使用的示例代码如下：

```
1   #导入 os 模块
2   import os
3   path = os. getcwd( )
4   print('显示当前工作目录:',path)
5   #创建目录
6   os. mkdir('ostest')
7   #将 ostest 目录作为当前目录
```

```
8   os.chdir('ostest')
9   path = os.getcwd()
10  print('显示更改后的当前工作目录:',path)
11  #在当前工作目录中创建目录 mktest
12  os.mkdir('mktest')
13  #在当前工作目录下创建并打开 test.txt 文件
14  f = open('test.txt','w')
15  #关闭文件
16  f.close()
17  #重命名文件
18  os.rename('test.txt','text2.txt')
19  print('查看文件和目录列表',os.listdir(path))
20  #删除目录
21  os.rmdir(path+'\\mktest')
22  print('再次查看文件和目录列表',os.listdir(path))
23  #删除文件
24  os.remove(path+'\\text2.txt')
```

输出结果如下:

```
显示当前工作目录: E:\vscode
显示更改后的当前工作目录: E:\vscode\ostest
查看文件和目录列表 ['mktest', 'text2.txt']
再次查看文件和目录列表 ['text2.txt']
```

os.path 模块提供了大量用于路径判断、文件属性获取的函数,其中常用的函数见表 2-3。

表 2-3

函　　数	功　能　说　明
os.path.abspath(path)	返回给定路径的绝对路径
os.path.split(path)	将 path 分割成目录和文件名二元组返回
os.path.splitext(path)	分离文件名与扩展名:默认返回路径名和文件扩展名的元组
os.path.exists(path)	如果路径 path 存在,返回 True;如果路径 path 不存在,返回 False

续表

函　　数	功 能 说 明
os. path. getsize(path)	返回文件大小，如果文件不存在就返回错误
os. path. join (path1 [, path2 [, …]])	把目录和文件名合成一个路径，如果各路径名首字母不包含 "/"，则函数会自动加上；当参数都包含 "/"，以第 1 个出现 "/" 开头的路径参数开始拼接，之前的路径参数全部丢弃，当有多个路径参数时，则从最后一个以 "/" 开头的路径参数开始拼接；如果最后一个路径参数为空，则生成的路径以一个 "/" 分隔符结尾
os. path. isdir(path)	判断路径是否为目录
os. path. walk(path, visit, arg)	遍历 path，进入每个目录都调用 visit( ) 函数，该函数必须有 3 个参数(arg, dirname, names)，其中 dirname 表示当前目录的目录名，names 代表当前目录下的所有文件名，arg 则为 walk( ) 函数的第 3 个参数

os. path 使用的示例代码如下：

```
1   #导入 os. path 模块
2   import os. path
3   path = os. getcwd( )
4   print( os. path. abspath( path) )
5   print( os. path. split( os. getcwd( ) ) )
6   print( os. path. splitext( '/img/baidulogo. png') )
7   print( os. path. exists( path) )
8   print( os. path. isdir( path) )
```

输出结果如下：

```
E : \vscode
('E : \\', 'vscode')
('/img/baidulogo', '. png')
True
True
```

2. shutil 模块

shutil 模块也提供了大量函数支持文件和文件夹操作，主要帮助用户复制、移动、改名、备份和删除文件夹等，是文件的高级操作，其中常用函数见表 2-4 所示。

表 2-4

函　　数	功 能 说 明
shutil. copy(src , dst)	复制文件内容以及权限，如果目标文件已存在，则抛出异常
shutil. copy2(src , dst)	复制文件内容以及文件的所有状态信息，如果目标文件已存在，则抛出异常
shutil. copyfile(src , dst)	复制文件，不复制文件属性，如果目标文件已存在，则直接覆盖
shutil. copytree(src , dst)	递归复制文件内容及状态信息
shutil. rmtree(path)	递归删除文件夹
shutil. move(src , dst)	移动文件或递归移动文件夹，也可给文件和文件夹重命名

示例代码如下：

```
#导入 os. path 模块
import shutil
shutil. move('baidulogo. png','users/')
shutil. copy('users/baidulogo. png','. /')
shutil. copy2('uses/baidulogo. png','. /img')
shutil. copytree('img','img_bak')
shutil. rmtree('img_bak')
shutil. copyfile('test. txt','runoob. txt')    #如果当前文件已存在就会被覆盖掉
```

2.3　图像中的常用库 Matplotlib

微课 2-2
图像中的常用
库 Matplotlib

Matplotlib 是 Python 中最常用的可视化工具，其可以绘制海量的 2D 图表和基本的 3D 图表。在计算机视觉应用中，主要使用其中最基础的绘图模块 pyplot，导入命令如下：

```
import matplotlib. pyplot as plt
```

1. 绘制简单图表

pyplot 模块中的 plt. figure( ) 函数用来定义图表的名称和大小，plt. plot( ) 函数用来绘制图表，plt. show( ) 函数用来将绘制的图显示在屏幕上。

（1）调用 figure( ) 函数创建一个绘图对象

例如下面的代码：

```
plt. figure( figsize = ( 8, 4) [ ,dpi = 100] )
```

figsize 参数：指定绘图对象的宽度和高度，单位为英寸；dpi 参数指定绘图对象的分辨率，即每英寸多少像素，默认值为 100。因此，例中所创建的图表窗口的宽度为 8×100 = 800 像素，高度为 4×100 = 400 像素。

注意：除了调用 figure( ) 函数创建绘图对象，也可以不创建绘图对象而直接调用 plot( ) 函数绘图，Matplotlib 会为用户自动创建一个绘图对象。

（2）调用 plot( ) 函数在当前的绘图对象中进行绘图

创建 figure 对象之后，接下来调用 plot( ) 函数在当前的 figure 对象中绘图。实际上 plot( ) 函数是在 Axes（子图）对象上绘图，如果当前的 figure 对象中没有 Axes 对象，将会为之创建一个几乎充满整个图表的 Axes 对象，并且使此 Axes 对象成为当前的 Axes 对象。plot( ) 函数调用格式如下：

```
plt. plot( x_cor,y_cor,color,linewidth , …)
```

其中，参数 x_cor 和 y_cor 是 x、y 轴；color 参数指定曲线的颜色；linewidth 参数指定曲线的宽度。

（3）调用 show( ) 函数显示图像

show( ) 函数可以将绘制的图形显示出来。

使用 Matplotlib 绘制简单的线段图，参考代码如下：

```
1   import matplotlib. pyplot as plt
2   plt. figure( 'line',figsize = ( 6,6) )
3   plt. plot( [ 1,2,3,4,5,6,7,8,9,10] )
4   plt. show( )
```

效果如图 2-1 所示。

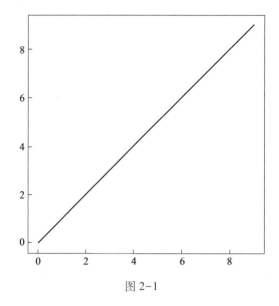

图 2-1

本页彩图

2. 显示图像和子图

Matplotlib 也支持图像的存取和显示，通过 plt. imread( ) 函数和 plt. imshow( ) 函数可以方便地读取和显示图像，对于一般的图像显示和对比，比其他库要方便得多。例如如下示例的代码，可以显示当前目录下的图像：

```
1    plt. figure('cat', figsize = (5,5))
2    cat = plt. imread("cat. jpg")
3    plt. imshow(cat)
4    plt. show()
```

效果如图 2-2 所示。

图 2-2

也可以通过 plt. subplot( )函数绘制包含多个子图的图表，其调用形式如下：

plt. subplot(numRows, numCols, plotNum)

plt. subplot( )函数将整个绘图区域等分为 numRows 行和 numCols 列个子区域，然后按照从左到右、从上到下的顺序对每个子区域进行编号，左上的子区域的编号为 1，plotNum 参数指定使用第几个子区域。

例如，利用 facecolor（背景颜色）参数取值不同生成多个图像，并通过 Matplotlib 的多个子图展示，参考代码如下：

```
1   import matplotlib. pyplot as plt
2   plt. figure( figsize = ( 7,7) )
3   plt. subplot( 221, facecolor='black') ;plt. title( "image1")
4   plt. subplot( 222, facecolor='red') ;plt. title( "image2")
5   plt. subplot( 223, facecolor='blue') ;plt. title( "image3")
6   plt. subplot( 224, facecolor='yellow') ;plt. title( "image4")
7   plt. show( )
```

效果如图 2-3 所示。

3. 刻度、标签和图例

可以用 plt. title( )函数为图像添加标题，用 plt. text( )函数在图像的任何位置添加文字。plt. xlabel( )函数和 plt. ylabel( )函数用于绘制 X 轴和 Y 轴的标签。例如，显示图像并添加标题和文字，以及坐标轴的标签，参考代码如下：

```
1   plt. title( "cat")
2   plt. text( 360,200, "this is a cat")
3   plt. xlabel( 'width')
4   plt. ylabel( "height")
5   cat = plt. imread( "./cat. jpg")
6   plt. imshow( cat)
7   plt. show( )
```

效果如图 2-4 所示。

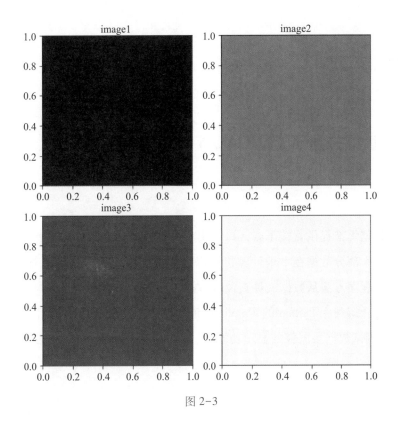

图 2-3

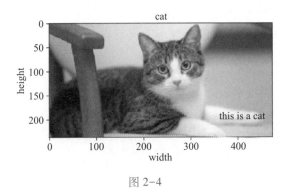

图 2-4

本页彩图

4. 保存文件

Matplotlib 也可以通过 plt. savefig( ) 函数将图片保存到文件。例如，可以将图 2-4 保存下来，示例代码如下：

```
1   plt. savefig('fig. png', dpi = 300, bbox_inches = 'tight')
```

项目任务

任务 2-1 读取并显示 PASCAL VOC 数据集数据

任务描述

大多公开数据集都提供直接下载入口，用户可以根据一定的方法进行下载获取，存储到本地计算机。大部分数据在本地计算机可以直接使用系统的文件资源管理器进行查看，有些则可以使用程序方法从数据文件夹读取数据。

本任务主要介绍利用 Python 的 Matplotlib 库里读取并显示图像的常用函数，实现 PAS-CAL VOC 2005 测试数据集图像的显示功能。

任务实施

步骤 1：导入相关库。

本任务的数据集是 PASCAL VOC 2005 的竞赛数据集，用于现实场景中的对象物体识别。任务选取 PASCAL VOC 2005 Dataset 2，图像包括汽车、自行车、行人、摩托车四大类，任务以路边行人训练集图片文件读取为例，代码如下：

```
1   import os
2   from matplotlib import pyplot as plt      # plt 用于显示图片
3   import matplotlib. image as mpimg         # mpimg 用于读取图片
4   import math
```

步骤 2：更改当前工作目录。

将当前工作目录更改为数据所在 PNGImages 目录下，例如/home/data/voc2005/PNGImages/INRIA_graz-person-train，参考代码如下：

```
5   ImgPath = '/home/data/voc2005/PNGImages/INRIA_graz-person-train'
6   file_list = os. listdir( ImgPath )
7   os. chdir( ImgPath )
```

步骤 3：查看并展示图片文件。

调用读取文件以及图像展示的函数，示例代码如下：

```
8   n = math. sqrt(len(file_list))
9   plt. figure()
10   for index,elemt in enumerate(file_list):
11       plt. subplot(n,n,index+1)
12       img = mpimg. imread(elemt)
13       plt. imshow(img)
14   plt. show()
```

运行程序即可生成数据集的 16 张图片文件，如图 2-5 所示。

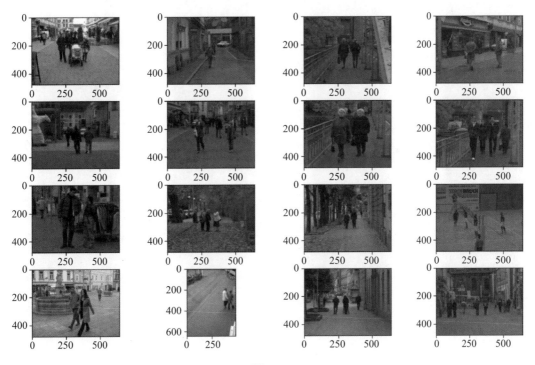

图 2-5

任务 2-2　图片数据整理

任务描述

在任务 1-3 中，爬取到许多的流浪狗图片，但是这些图片辨识程度不高，在本任务中将进一步处理这些数据，把图片按大小分类，找出一些高清的图片提供给有领养意向的人群，另外一些模糊、不清晰、信息缺失的图片则可以回复发帖人索要清晰的信息。

为了划分出不同大小的图片，将分别创建两个文件目录用于存放不同大小的图片。通过调用 os 库操作文件、shutil 库移动文件，将杂乱的照片整理为统一的格式，并按大小放入不同的文件夹。根据图片大小进行筛选并归类，将大于 100 KB 的图片存放于表示清晰的文件夹内，小于 100 KB 的则放于表示不清晰的文件夹中。

任务实施

步骤 1：生成文件列表。

创建 py 文件，如文件名为 image_patch. py（文件名可自行设置），并导入 os 和 shutil 库，代码如下：

```
1   import os
2   import shutil
```

查看当前工作目录，使用 os 库的 getcwd( ) 函数，代码如下：

```
3   # 显示当前工作目录
4   print( os. getcwd( ) )
```

输出结果如下：

```
C : \Users\downloads
```

假定上述案例中所下载的图片是存放在 D : \downloads 目录下。为了便于文件操作，把当前工作目录变更为 D : \downloads，这里使用 os 库的 chdir( ) 函数可以实现，代码如下：

```
5   ori_path = "D : \\downloads "
6   os. chdir( ori_path)
```

上述案例中获取的文件大多是 JPG 图像格式，也有非图像格式。为了正确读入图片，将所有文件名以".jpg"为扩展名存入列表如 current_dir_list，便于后续文件读写操作。代码如下：

```
7   #找到当前路径下的所有 JPG 格式文件,存入列表
8   current_dir_list = [x for x in os. listdir(ori_path) if x. endswith(".jpg")]
```

这里使用列表推导式，例如：

```
[x for x in os. listdir(ori_path) if x. endswith(".jpg")]
```

以上几行代码等价于下面的多行代码：

```
x = []
for i in os. listdir():
    if i. endswith('.jpg'):
        x. append(i)
```

也就是遍历 ori_path 路径下的文件，如果文件名是以“.jpg”为扩展名，就追加到名为 x 的列表里。

步骤 2：创建目录。

取两个目录名，分别为 good 和 bad，并依此新建一个列表，代码如下：

```
9    # 通过创建列表,为后续创建不同的文件夹使用
10   files_list = ["good", "bad"]
```

为便于区分，在当前工作目录中创建分类的文件夹，并将分类后的图片按条件依次放入，目标路径名如下：

```
11   destination_path = "D:\\downloads\\"
```

通过上面两步的操作，确定了目录名和目标路径，然后使用 os. mkdir() 函数创建目录，其中 destination_path 是目标路径，分别创建 D:\downloads\good 和 D:\downloads\bad 文件夹，代码如下：

```
12   if os. path. exists(files_list[0]) is False：
13       os. mkdir(destination_path+files_list[0])
14   if os. path. exists(files_list[1]) is False：
15       os. mkdir(destination_path+files_list[1])
```

步骤 3：文件分类。

首先遍历文件列表，这里使用 enumerate ( ) 函数遍历文件列表。该函数除返回文件列表内的元素之外，还返回元素对应的索引。然后再通过 os. path. getsize ( ) 函数获取文件大小，作为筛选图片是否清晰的一个条件，文件名作为函数参数。参考代码如下：

```
16    for index,file_name in enumerate(current_dir_list)：
17        size = os. path. getsize(file_name)
18        print(size)
```

将图片的大小与 102 400 字节进行比较，若是大于 102 400 字节，则认为是清晰图片，放入 good 文件夹中；若是小于，则认为是不清晰图片，放入 bad 文件夹中。

使用 shutil. copy ( ) 函数完成文件复制，传入函数第 1 个参数 file_name 为文件名，第 2 个参数是 destination_path + files_list[0] 为文件复制的目标路径，最后将图片复制进度记录在 log. txt 文件内，每复制一张图像的记录占文本一行，待所有图像完成复制后在文本末尾追加"处理完成！"内容。参考代码如下：

```
19    # 图像按大小分类进入文件夹
20    if size > 102400：
21        shutil. copy(file_name, destination_path + files_list[0])
22    else：
23        shutil. copy(file_name, destination_path + files_list[1])
24    with open('log. txt','a') as log：
25        log. writelines(['总共:', str(len(current_dir_list)), '张,剩余:',
str(len(current_dir_list) - index - 1), '张\n'])
26        if index == len(current_dir_list) - 1：
27            log. write('处理完成！')
28        else：
29            pass
```

可以通过查看日志文件来确认图像文件复制是否完成。最后，查看文件夹，可以很容易辨识出已经成功自动分类，如图 2-6 所示。

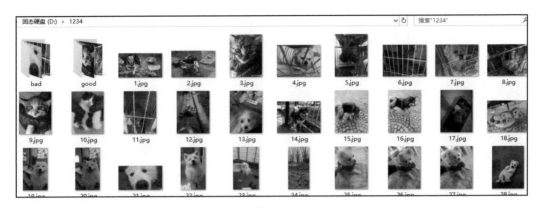

图 2-6

项目总结

　　本项目主要介绍了文件目录创建、文件遍历及文件复制。其中，文件目录创建使用 os 库的 mkdir( ) 函数，文件遍历通过 os 库的 listdir( ) 函数和 for 循环方法完成，文件复制由 shutil 库的 copy( ) 函数完成。通过对图像文件的批量管理，使得效率大大提高。

第二部分
视觉数据预处理

项目3 图像清洗

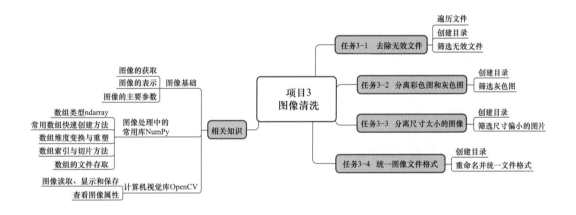

学习情境

图像清洗是图像预处理中的第一步。从网络或者其他地方获取到的图像和数据，往往存在很多问题，例如图像无法打开，或者图像过小，或者混入其他物体的图片，或者图像质量太差，或者文件名混乱等。因此需要通过清洗的方式，对图片进行筛选，并保存到合适的目录中。

学习目标

1. 理解图像表示以及分辨率、图像颜色、图像大小等基本概念。

2. 能够根据图像大小或是否灰色图进行分离操作。

3. 能够对图像进行批量读写、检查、重命名操作。

相关知识

对于一副彩色图像而言，一像素通常由每个通道的一字节表示。在 Python 中，图像通常会通过 NumPy 矩阵表示，也就是使用 NumPy 创建的数组来生成图像。而使用 OpenCV 可以进行很多图像处理操作，也涵盖计算机视觉方面的很多通用算法。通常为获得质量较高的图像数据集，需要进行大量的图像清洗操作，在该过程中都会使用到这些库。

以下将介绍图像的基础知识、图像处理中常用库 NumPy 以及计算机视觉库 OpenCV。

3.1 图像基础

微课 3-1
图像基础

1. 图像的获取

从现实世界中获得数字图像的过程称为图像的"获取"，常用的图像获取设备有扫描仪、数码相机、摄像头、摄像机等。通过扫描、分色、取样、量化的过程，完成从模拟图像到数字图像的转换过程，如图 3-1 所示。

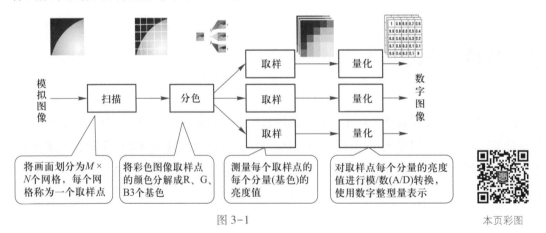

图 3-1

本页彩图

2. 图像的表示

图像表示是图像信息在计算机中的表示和存储方式，黑白图、灰度图、彩色图都有不同的表示方式。

（1）黑白图

黑白图像的每一像素只有一个分量，且只用1位二进制数表示，其取值仅有"0"（黑）和"1"（白）两种，如图3-2所示。

黑白图像

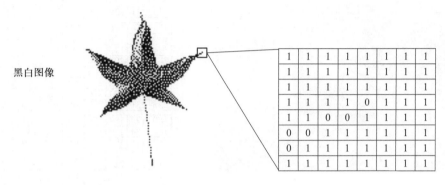

图 3-2

（2）灰度图

灰度图中，像素的灰度级一般用8 bit 表示，是从0（黑色）~255（白色）之间的256级灰度级别的一种，如图3-3所示。

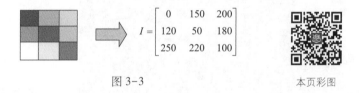

$$I = \begin{bmatrix} 0 & 150 & 200 \\ 120 & 50 & 180 \\ 250 & 220 & 100 \end{bmatrix}$$

图 3-3

本页彩图

（3）彩色图

彩色图像中的每一像素有3个分量，分别表示3个基色的亮度，每个基色的亮度值分别用 n、m、k 表示，因此可以表示 2^{n+m+k} 种颜色，如图3-4所示。

3. 图像的主要参数

图像参数就是指图像的各个数据，它是每个图片自己的数值信息，主要包括图像分辨率、图像大小、图像颜色3个指标。

（1）分辨率

分辨率用来表示组成该图像的行列数目，即图像所包含的像素数目，使用水平分辨率×垂直分辨率表示，如图3-5所示。在显示比例相同时，显示在屏幕上的图像尺寸与图像分辨率成正比。

（2）图像颜色

图像颜色是指图像中所包含颜色信息的多少，与描述颜色所使用的位数（bits）有关。

153	156	159	170	150	151	175	176
150	154	159	166	156	158	177	178
147	153	158	162	156	168	180	188
168	175	175	174	177	182	187	183
225	225	219	217	216	218	223	227
225	224	221	220	214	215	222	225
240	233	226	223	219	220	224	229
233	231	229	226	220	220	227	230

红色分量

178	176	176	176	176	205	216	226
179	178	175	180	177	200	223	231
174	175	178	184	181	189	217	224
208	203	208	196	193	197	216	225
212	210	215	202	192	196	207	218
211	212	212	210	198	194	207	210
224	227	224	214	197	196	213	220
228	231	233	220	202	197	210	217

绿色分量

180	177	187	190	190	220	225	231
182	184	179	188	192	217	239	233
182	185	190	191	194	207	229	235
219	215	218	198	198	205	220	237
211	214	218	202	192	195	212	234
217	214	213	210	194	192	214	238
222	225	226	214	197	200	216	230
228	230	230	225	200	206	212	220

蓝色分量

图 3-4

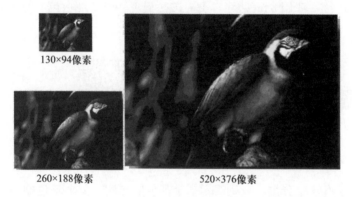

130×94像素

260×188像素

520×376像素

图 3-5

本页彩图

前者称为色深度，后者称为位深度。它们之间的关系是色深度 = $2^{位深度}$。图像的位深度越低，数据量越小，显示质量越低；位深度越高，数据量越大，显示质量越高。

颜色深度是指像素的所有颜色分量的二进制数目之和。图像类型与图像深度对应关系见表 3-1。

表 3-1

图 像 类 型	像 素 组 成	像素深度/位	颜 色 空 间
黑白图像	仅 1 个分量	1	不使用
灰度图像	仅 1 个分量	2～12	不适用
彩色图像	3 个分量	8～36	RGB、CMY、YUV 等

（3）图像大小

图像大小是指整幅图像所包含的总像素值，用宽度方向像素值×高度方向像素值表示。多媒体图像素材的大小，通常不超过作品演示窗口的大小。多媒体作品演示窗口大小最常采用 1 024×768 像素（标屏）或者 1 366×768 像素（宽屏），如果追求视频效果的作品，还可以采用更大的分辨率。

图像的数据量（字节）＝水平分辨率×垂直分辨率×像素深度/8 B。常见的图像分辨率、位数与数据量对应关系见表 3-2。

表 3-2

图 像 大 小	8 位（256 色）	16 位（65 535 色）	24 位（真彩色）
640×480	300 KB	600 KB	900 KB
1 024×768	768 KB	1. 5 MB	2. 25 MB

3. 2　图像处理中的常用库 NumPy

微课 3-2
图像处理中的
常用库 NumPy

NumPy 是 Python 语言的一个开源的数值计算扩充程序库，支持高维度数组与矩阵运算，可用来存储和处理大型矩阵，此外也针对数组运算提供大量的数学函数库。可以使用如下命令安装该库：

```
pip install numpy
```

1. 数组类型 ndarray

（1）创建 ndarray

ndarray 对象是用于存放同类型元素的多维数组，是 NumPy 中的基本对象之一。它是一系列同类型数据的集合，以下标 0 为开始进行集合中元素的索引。通常可以用 numpy. array 的方式创建一个 ndarray 的数组。

引入 NumPy 库，并将 np 作为别名，这是一种习惯性的用法。代码如下：

```
import numpy as np
```

可以通过元组 tuple 或者列表 list 构建数组，代码如下：

```
# 通过元组 tuple 构建数组
pytuple = (1,2,3)
ll = np. array(pytuple)
print("通过元组 tuple 构建数组:\n",ll)
# 通过列表 list 构建数组
pylist = [4,5,6]
jj = np. array(pylist)
print("通过列表 list 构建数组:\n",jj)
```

输出结果如下:

```
通过元组 tuple 构建数组:
 [1 2 3]
通过列表 list 构建数组:
 [4 5 6]
```

同样可以构建多维的数组,代码如下:

```
# 构建多维的数组
pylist1 = [1,2,3]
pylist2 = [4,5,6]
marray = np. array([pylist1,pylist2])
print("构建多维的数组:\n",marray)
```

输出结果如下:

```
构建多维的数组:
 [[1 2 3]
 [4 5 6]]
```

(2) 数组类型

在创建数组时,可以根据初始值自动推断数组的数值类型,也可以明确指定数组类型,代码如下:

```
a=np. array([1,2,3.5])
print(a. dtype)
```

```
b = np.array(['1',2,3])
print(b.dtype)
c = np.array([1,2,3.5], dtype=np.float32)
print(c.dtype)
```

输出结果如下：

```
float64
<U1
float32
```

其中，<表示字节存储的顺序为小端（最小有效字节存储在最小地址中），U 表示 Unicode 数据类型，1 表示元素位长。NumPy 包含的数据类型见表 3-3。

表 3-3

数 据 类 型	说　　　明
bool	布尔类型，True 或 False，占用 1 bit（比特）
inti	其长度取决于平台的整数，一般是 int32 或 int64
int8	字节长度的整数，取值为 [-128,127]
int16	16 位长度的整数，取值为 [-32768,32767]
int32	32 位长度的整数，取值为 $[-2^{31},2^{31}-1]$
int64	64 位长度的整数，取值为 $[-2^{63},2^{63}-1]$
uint8	8 位无符号整数，取值为 [0,255]
uint16	16 位无符号整数，取值为 [0,65535]
uint32	32 位无符号整数，取值为 $[0,2^{32}-1]$
uint64	64 位无符号整数，取值为 $[0,2^{64}-1]$
float16	16 位半精度浮点数：1 位符号位，5 位指数，10 位尾数
float32	32 位半精度浮点数：1 位符号位，8 位指数，23 位尾数
float64 或 float	64 位半精度浮点数：1 位符号位，11 位指数，52 位尾数
complex64	复数类型，实部和虚部都是 32 位浮点数
complex128 或 complex	复数类型，实部和虚部都是 64 位浮点数

（3）ndarray 对象常用属性

ndarray 对象的常用属性见表 3-4。

表 3-4

属　性	含　义
T	转置，如果维度小于 2 返回 self
size	数组中元素个数
itemsize	数组中单个元素的字节长度
dtype	数组元素的数据类型对象
ndim	数组的维度
shape	数组的形状
data	指向存放数组数据的 Python buffer 对象
flat	返回数组的一维迭代器
nbytes	数组中所有元素的字节长度

针对 ndarray 数组，可以查看各种常用属性，代码如下：

```
print("转置 T:\n",marray. T)
print("数组中元素个数 size:\n",marray. size)
print("数组中单个元素的字节长度 itemsize:\n",marray. itemsize)
print("数组元素的数据类型对象 dtype:\n",marray. dtype)
print("数组的维度 ndim:\n",marray. ndim)
print("数组的形状 shape:\n",marray. shape)
print("指向存放数组数据的 Python buffer 对象 data:\n",marray. data)
print("数组的一维迭代器使用:\n")
for item in marray. flat:
    print(item)
print("数组中所有元素的字节长度 nbytes:\n",marray. nbytes)
```

输出结果如下：

```
转置 T:
 [[1 4]
 [2 5]
 [3 6]]
数组中元素个数 size:
 6
数组中单个元素的字节长度 itemsize:
 4
```

数组元素的数据类型对象 dtype：

int32

数组的维度 ndim：

2

数组的形状 shape：

（2，3）

指向存放数组数据的 Python buffer 对象 data：

<memory at 0x000002ABFE4C0DC8>

数组的一维迭代器：

1

2

3

4

5

6

数组中所有元素的字节长度 nbytes：

24

2. 常用数组快速创建方法

（1）一维序列数组

np. arange（start，end，step）函数类似于 Python 原生的 range（）函数，通过指定起始值 start、终点值 end 和步长 step 来创建表示等差数列的一维数组。注意该函数和 range（）函数一样，其结果中不包含终点值。

np. arange（）函数参数有不同形式：

① 仅 1 个参数时，该参数表示为终点值，起始值取默认值 0，步长取默认值 1。

② 有 2 个参数时，第 1 个参数为起始值，第 2 个参数为终点值，步长取默认值 1。

③ 有 3 个参数时，第 1 个参数为起始值，第 2 个参数为终点值，第 3 个参数为步长。

代码如下：

```
a＝np. arange（10）
b＝np. arange（0,1,0.1）
c＝np. arange（10,0,-1）
```

```
print("仅 1 个参数时:",a)
print("有 2 个参数时:",b)
print("有 3 个参数时:",c)
```

输出结果如下:

```
仅 1 个参数时:[0 1 2 3 4 5 6 7 8 9]
有 2 个参数时:[0.  0.1 0.2 0.3 0.4 0.5 0.6 0.7 0.8 0.9]
有 3 个参数时:[10 9 8 7 6 5 4 3 2 1]
```

（2）等差数列

np.linspace(start,end,count,endpoint = True)函数可以生成一个等差数列，与前面np.arange()函数不同的是，该函数的第 3 个参数指定的是元素个数，即表示给定起始值、终点值以及元素个数，生成一个一维的等差数列。此外，该函数还含有布尔值参数endpoint，默认为 True 表示包含终点值，设定为 False 表示不包含终点值。代码如下：

```
a = np.linspace(0,1,10)
b = np.linspace(0,1,10,endpoint = False)
print("等差数列 a:",a)
print("等差数列 b:",b)
```

输出结果如下:

```
等差数列 a:[0.       0.11111111 0.22222222 0.33333333 0.44444444 0.55555556
 0.66666667 0.77777778 0.88888889 1.          ]
等差数列 b:[0.  0.1 0.2 0.3 0.4 0.5 0.6 0.7 0.8 0.9]
```

（3）等比数列

np.logspace(start,end,count,base)函数用于生成等比数列。该函数与 np.linspace()函数类似，不过起始值是 base 的 start 次方，终点值是 base 的 end 次方，base 基数默认为10。代码如下：

```
a = np.logspace(0,3,4)
b = np.logspace(0,3,4,base = 2)
print("等比数列 a:",a)
print("等比数列 b:",b)
```

输出结果如下：

等比数列 a：[　　1.　　10.　　100. 1000.]

等比数列 b：[1. 2. 4. 8.]

（4）全 0、全 1 数组

np. zeros（shape，dtype，order）函数用于生成元素全为 0 的数组，至少要传入一个参数表示数组形状。参数 shape 可以是一维、二维或三维，其中三维 shape = [m，a，b] 表示生成 m 个 a×b 的 0 矩阵；参数 dtype 默认为 float64；order 为可选参数，默认值 C 代表行优先，F 代表列优先。

np. ones（shape，dtype，order）函数用于生成元素全为 1 的数组，用法和 np. zeros（）一样。代码如下：

```
zeors_array1 = np. zeros(5)
zeors_array2 = np. zeros((3,5))
ones_array1 = np. ones(5)
ones_array1 = np. ones((3,5))
print("全 0 数组 zeors_array1:",zeors_array1)
print("全 0 数组 zeors_array2:",zeors_array2)
print("全 1 数组 ones_array1:",ones_array1)
print("全 1 数组 ones_array2:",ones_array1)
```

输出结果如下：

全 0 数组 zeors_array1：[0. 0. 0. 0. 0.]

全 0 数组 zeors_array2：[[0. 0. 0. 0. 0.]

　[0. 0. 0. 0. 0.]

　[0. 0. 0. 0. 0.]]

全 1 数组 ones_array1：[[1. 1. 1. 1. 1.]

　[1. 1. 1. 1. 1.]

　[1. 1. 1. 1. 1.]]

全 1 数组 ones_array2：[[1. 1. 1. 1. 1.]

　[1. 1. 1. 1. 1.]

　[1. 1. 1. 1. 1.]]

（5）全 x 数组

np. full（shape，init_data）函数可以生成初始化为指定值的数组。至少要传入两个参数，一个为数组的 shape，一个为初始化的值 init_data。代码如下：

```
full_array1 = np. full(5, -1)
full_array2 = np. full((2,3),5)
print("全 x 数组 full_array1:", full_array1)
print("全 x 数组 full_array2:", full_array2)
```

输出结果如下：

```
全 x 数组 full_array1: [-1 -1 -1 -1 -1]
全 x 数组 full_array2: [[5 5 5]
 [5 5 5]]
```

3. 数组维度变换与重塑

（1）数组维度变换

reshape（a，newshape）函数用于改变数组对象的维度，newshape 参数为要设置矩阵的形状。新数组的 shape 属性应该要与原来数组的一致，即新数组元素数量与原数组元素数量要相等。当 reshape（）函数的第 1 个参数为-1 时，函数会自动根据另一个参数计算出数组的另外一个维度。代码如下：

```
a = np. array([[1, 2, 3,4],[5, 6, 7,8],[9, 10, 11,12]])
b = a. reshape(6,2)
c = a. reshape(-1,2)
print("a:",a)
print("b:",b)
print("c:",c)
```

输出结果如下：

```
a: [[ 1  2  3  4]
 [ 5  6  7  8]
 [ 9 10 11 12]]
b: [[ 1  2]
```

$$
\begin{array}{c}
[\;3\;\;\;4\;]\\
[\;5\;\;\;6\;]\\
[\;7\;\;\;8\;]\\
[\;9\;10\;]\\
[\;11\;12\;]\,]
\end{array}
$$

$$
c:[\,[\;1\;\;\;2\;]\\
[\;3\;\;\;4\;]\\
[\;5\;\;\;6\;]\\
[\;7\;\;\;8\;]\\
[\;9\;10\;]\\
[\;11\;12\;]\,]
$$

（2）数组维度重塑

resize( )函数和 reshape( )函数的功能类似，其区别在于 reshape( )函数返回新数组，而 resize( )函数可以直接修改原始数组。代码如下：

```python
d = np.array([[1, 2, 3,4], [5, 6, 7,8], [9, 10,11,12]])
d.resize(2,6)
print("d:",d)
```

输出结果如下：

$$
d:[\,[\;1\;\;\;2\;\;\;3\;\;\;4\;\;\;5\;\;\;6\;]\\
[\;7\;\;\;8\;\;\;9\;10\;11\;12\;]\,]
$$

4. 数组索引与切片方法

（1）数组索引

与 Python 中定义的序列类似，NumPy 支持同样的方法对数组进行索引。代码如下：

```python
a = np.array([[1, 2, 3, 4],[5, 6, 7, 8],[9, 10, 11, 12]])
print(a[2][3])
print(a[0][1])
```

输出结果如下：

```
12
2
```

（2）数组切片

数组切片就是通过指定索引的范围，按特定规律取某些值。array［start：end：step］表示索引从 start 开始按照步长 step 取数，但不超过 end，也就是不包含索引 end 对应的值。

数组切片也可以缺省索引值，参数 start 缺省则表示从 0 开始；end 缺省表示到最后值为止；step 缺省表示默认步长为 1。

数组切片可以使用"-"符号进行索引。例如，a［-1］是指一维索引取最后一个值；a［:-1］是指一维索引从缺省的 0 开始，到最后一个值结束，但不包括最后一个值在内。代码如下：

```
# 定义一维数组 a, 二维数组 b
a = np. array([ 1, 2, 3, 4, 5, 6, 7, 8])
b = np. array([[ 1, 2, 3, 4], [ 5, 6, 7, 8], [ 9, 10, 11, 12]])
print("a[1:5]的值:",a[1:5])
print("b[1:2]的值:",b[1:2])
print("b[1:3]的值:",b[1:3])
# 缺省索引值
print("a[:5]的值:",a[:5])
print("a[3:]的值:",a[3:])
print("b[1:]的值:",b[1:])
print("b[:]的值:",b[:])
# 使用"-"号进行索引
print("b[-1]的值:",b[-1])
print("b[-1,-1]的值:",b[-1,-1])
print("b[:-1]的值:",b[:-1])
print("b[:-1,:-2]的值:",b[:-1,:-2])
```

输出结果如下：

```
a[1:5]的值: [2 3 4 5]
b[1:2]的值: [[5 6 7 8]]
b[1:3]的值: [[ 5  6  7  8]
 [ 9 10 11 12]]
```

```
a[:5]的值: [1 2 3 4 5]
a[3:]的值: [4 5 6 7 8]
b[1:]的值: [[ 5  6  7  8]
 [ 9 10 11 12]]
b[:]的值: [[ 1  2  3  4]
 [ 5  6  7  8]
 [ 9 10 11 12]]
b[-1]的值: [ 9 10 11 12]
b[-1,-1]的值: 12
b[:-1]的值: [[1 2 3 4]
 [5 6 7 8]]
b[:-1,:-2]的值: [[1 2]
 [5 6]]
[[ 1.  2.  3.  4.]
 [ 5.  6.  7.  8.]
 [ 9. 10. 11. 12.]]
```

（3）迭代切片

NumPy 中的 array 可以通过 "::" 符号对数组进行迭代提取数值。例如，a[1:10:2] 表示索引的起始为 "1"，终止为 "10"，步长为 "2"，每间隔一个提取下一个值。当间隔值为-1 时，则代表对数组进行翻转。代码如下：

```
print("迭代切片 a[::3]的值:",a[::3])
print("迭代切片 a[:6:2]的值:",a[:6:2])
print("迭代切片 a[3::2]的值:",a[3::2])
print("迭代切片 b[::-1]的值:",b[::-1])
```

输出结果如下：

```
迭代切片 a[::3]的值: [1 4 7]
迭代切片 a[:6:2]的值: [1 3 5]
迭代切片 a[3::2]的值: [4 6 8]
迭代切片 b[::-1]的值: [[ 9 10 11 12]
```

5. 数组的文件存取

NumPy 可以用专有的二进制类型保存数据，文件扩展名为 npy。通过 np. load( ) 和 np. save( ) 这两个函数可以方便地读写数组文件，自动处理元素类型和 shape 等信息。代码如下：

```
a =np. array([[ 1, 2, 3, 4], [ 5, 6, 7, 8], [ 9, 10, 11,12]],dtype =np. float32)
np. save( "a. npy" ,a)
new_a = np. load( "a. npy" )
print( new_a)
```

输出结果如下：

```
[[ 1.  2.  3.  4. ]
 [ 5.  6.  7.  8. ]
 [ 9. 10. 11. 12. ]]
```

3.3　计算机视觉库 OpenCV

微课 3-3
计算机视觉库
OpenCV

OpenCV（Open Source Computer Vision Library）是一种开放源代码的计算机视觉库，主要算法涉及图像处理、计算机视觉和机器学习相关方法。OpenCV 具有丰富的接口、优秀的性能以及开源的属性，至今仍然是最流行的计算机视觉库，在各个计算机视觉领域发挥着巨大的作用。当前 OpenCV 最新版本是 4.2，但是 OpenCV 3 版本仍是业内主要使用的版本。在本书中将采用 OpenCV 3.4 版本，后续的内容将基于该版本的 OpenCV 库完成图像处理的基本操作。可以使用如下命令安装该库：

```
pip install opencv-python
```

根据功能需求不同，OpenCV 的函数接口大体分为以下几类。

① core：核心模块，主要包含了 OpenCV 中的基本结构，以及相关的基本运算。

② imgproc：图像处理模块，包含和图像相关的基础和衍生的高级功能。

③ highgui：提供用户界面和文件读取的基本函数，如图像显示窗口的生成和控制，图像视频文件的 I/O 接口。

1. 图像读取

使用函数 cv2. imread( ) 读入图像，读入的图像是 NumPy 数组，该函数各参数说明见表 3-5。

表 3-5

函　　数	说　　明
cv2. imread(filePath, flags)	filePath：读取文件的路径； flags：指明如何读取这幅图片，常见值如下 • cv2. IMREAD_COLOR：读入一幅彩色图，图像的透明度会被忽略，值为 1（默认参数）； • cv2. IMREAD_GRAYSCALE：以灰度模式读入图像，值为 0； • cv2. IMREAD_UNCHANGED：读入一幅图像，并且包括图像的 Alpha 通道，值为 -1

2. 查看图像属性

图像的属性主要包括行、列、通道以及图像的数据类型、像素数目等，获取其属性的方法见表 3-6。

表 3-6

方　　法	说　　明
shape	可以获取图像的形状，它返回的是一个包含行数、列数、通道数的元组
size	返回图像的像素点个数
dtype	返回的是图像的数据类型

读取一幅图片，显示图像的形状、像素数目及数据类型。代码如下：

```
import cv2
img = cv2. imread( "cat. jpg" )
print( "数据类型:" ,img. dtype)
print( "像素数目:" ,img. size)
print( "图像形状:" ,img. shape)
```

输出结果如下：

> 数据类型：uint8
>
> 像素数目：135000
>
> 图像形状：（150，300，3）

3. 图像显示

使用函数 cv2. imshow( )显示图像，该函数各参数说明见表 3-7。

表 3-7

函　　数	说　　明
cv2. imshow(winname, image)	winname：窗口的名称； image：要显示的图像

读取一幅彩色图像，并在窗口显示，当键盘按下任意键时退出窗口。代码如下：

```
img = cv2. imread( "cat. jpg",cv2. IMREAD_COLOR)
cv2. imshow( "showImage",img)
cv2. waitKey(0)
cv2. destroyAllWindows( )
```

效果如图 3-6 所示。

图 3-6

本页彩图

或者如果需要自动调节显示窗口的大小，可以通过 cv2. namedWindow( )函数调整窗口属性，参考代码如下：

```
cv2. namedWindow( "showImage",cv2. WINDOW_NORMAL)
```

4. 图像保存

使用 cv2. imwrite( )函数保存图片，该函数各参数说明见表 3-8。

表 3-8

函　　　数	说　　　明
cv2. imwrite(	file：指要保存的文件名；
file，	img：指要保存的图像；
img，	num：可选，针对不同格式表现不同。对于 JPEG，其表示的是图像的质量，用 0～
num)	100 的整数表示，默认为 95；对于 png，第 3 个参数表示的是压缩级别，默认为 3

以灰度模式读入一幅图像并显示，按下 s 键保存后退出，或者按其他键直接退出。代码如下：

```
img = cv2. imread( "cat. jpg" ,cv2. IMREAD_GRAYSCALE)
cv2. imshow( "cat" ,img)
k = cv2. waitKey( 0 )
if k == ord('s') :
    cv2. imwrite( 'save_cat. png' ,img)
    cv2. destroyAllWindows( )
else：
    cv2. destroyAllWindows( )
```

按下 s 键保存后退出，保存的图片如图 3-7 所示。

图 3-7

本页彩图

 项目任务

任务 3-1　去除无效文件

任务描述

现有通过网络爬取获得的一系列大熊猫的图片，存放在 download 目录下。本任务需要通过脚本进行清理，首先去除无法正常打开的文件，包括动图、下载不完全的图片等；然后去除灰度图像，以及尺寸小于 200×200 像素的图像；最后，把保留的图像全部转换成 JPG 格式，并按照顺序命名。

首先处理无效的图像文件，对于不能通过 OpenCV 正确打开的文件视为无效文件，有可能是文件损坏，也可能不是有效图片。对无效文件的处理方式是移动到 REMOVED 目录下。

任务实施

步骤 1：遍历文件。

首先，引入相关的 Python 库，因为包括文件操作和图像操作，需要 os 和 OpenCV 库。代码如下：

```
import cv2
import os
```

需要整理的图像文件都在目录 download_data 下。首先定义要读取的文件路径，再通过 os.listdir( ) 函数得到目录下所有文件的列表，查看文件的数量。代码如下：

```
ROOT_PATH = './download_data'
files = os.listdir(ROOT_PATH)
print("需要处理文件的总数量:",len(files))
```

可以看到需要处理文件的总数量为 433。

步骤 2：创建 REMOVED 目录。

定义 REMOVED 目录的名称，通过 os.path.exists( ) 函数判断目录是否存在，如果没有，就用 os.mkdir( ) 函数创建这个目录。代码如下：

```
# 创建 REMOVED 目录
REMOVED_PATH = './REMOVED'
if not os.path.exists(REMOVED_PATH):
    os.mkdir(REMOVED_PATH)
```

步骤 3：筛选无效文件。

遍历源目录下的所有文件名，通过 os.path.join( ) 函数和目录名合成后，再使用 cv2.imread( ) 函数进行读取，如果返回结果为 None，则视为无效文件，使用 os.rename( ) 函数将该文件移动到 REMOVED 目录下。处理完成后，通过 continue 语句进入下一个循环处理下一个文件。代码如下：

```
cnt = 0
for file in files：
    filename = os. path. join( ROOT_PATH,file)
    img = cv2. imread( filename,-1)
    if img is None：
        dst_filename = os. path. join( REMOVED_PATH, file)
        os. rename( filename,dst_filename)
        cnt = cnt+1
        continue
print( "放入 REMOVED 文件夹的文件数量：" ,cnt)
```

可以看到，放入 REMOVED 文件夹的文件数量为 11。

任务 3-2　分离彩色图和灰色图

任务描述

对于能够正确读取的图片，需要做进一步处理：判断是否是彩色图，如果是灰度图，不符合应用场景，则移除到 GRAY 目录。

任务实施

步骤 1：创建 GRAY 目录。

首先，创建用来保存灰度图像的 GRAY 目录。代码如下：

```
GRAY_PATH = './GRAY'
if not os. path. exists( GRAY_PATH)：
    os. mkdir( GRAY_PATH)
```

步骤 2：筛选灰色图。

通过 img. ndim( )函数可以读取图像的维度。如果维度为 2，说明只有一个颜色通道，是灰度图，则使用 os. rename( )函数将图片转移到创建好的 GRAY 目录，并通过 continue 语句退出当前循环，处理下一个文件。代码如下：

```
cnt = 0
for file in files:
    filename = os.path.join(ROOT_PATH, file)
    img = cv2.imread(filename, -1)
    if img is None:
        continue
    ndim = img.ndim
    if ndim == 2:
        dst_filename = os.path.join(GRAY_PATH, file)
        os.rename(filename, dst_filename)
        cnt = cnt + 1
        continue
print("放入 GRAY 文件夹的文件数量:", cnt)
```

可以看到，放入 GRAY 文件夹的文件数量为 4。

任务 3-3　分离尺寸太小的图像

任务描述

判断图像文件尺寸，如果尺寸太小（目前任务要求是 200×200 像素），不合适进一步使用，则过滤到 SMALL 目录下。

任务实施

步骤 1：创建 SMALL 目录。

创建用来保存小尺寸图像的 SMALL 目录。代码如下：

```
SMALL_PATH = './SMALL'
if not os.path.exists(SMALL_PATH):
    os.mkdir(SMALL_PATH)
```

步骤 2：筛选尺寸偏小的图片。

通过 img.shape() 函数可以读取图像的行列像素和深度，注意返回的顺序是图像高度、宽度和深度。如果宽度或者高度像素小于 200，则认为图像尺寸过小，通过 os.rename()

函数将文件转移到 SMALL 目录，并通过 continue 语句退出当前循环。代码如下：

```
cnt = 0
for file in files：
    filename = os. path. join(ROOT_PATH,file)
    img = cv2. imread(filename,-1)
    if img is None：
        continue
    h,w,c = img. shape
    if h < 200 or w < 200：
        dst_filename = os. path. join(SMALL_PATH, file)
        os. rename(filename, dst_filename)
        cnt = cnt+1
        continue
print("放入 SMALL 文件夹的文件数量:",cnt)
```

可以看到，放入 SMALL 文件夹的文件数量为 9。

任务 3-4　统一图像文件格式

任务描述

经过前面的处理，保留下来的都是合适的图像文件了。将剩余图片统一转换成 JPG 格式并重新命名后保存在 DATA 目录下。

任务实施

步骤 1：创建 DATA 目录。

创建用来保存合格图像文件的 DATA 目录。代码如下：

```
DATA_PATH = './DATA'
if not os. path. exists(DATA_PATH)：
    os. mkdir(DATA_PATH)
```

步骤 2：重命名并统一文件格式。

遍历源目录下剩余的所有文件，创建类似 000000.jpg、000001.jpg 的文件名，在循环外初始化计数器 cnt，然后根据计数器创建文件名称。因为文件名类似 000000.jpg、000001.jpg，无法直接使用计数器的值转成字符串，这里使用字符串的 format( ) 函数，通过 {:0>6d} 语句用 0 补齐到 6 个字符长度，再通过 os.path.join( ) 函数和目录名合成。最后，通过 cv2.imwrite( ) 函数进行文件转换，并转移到 DATA 目录下使用新名称。代码如下：

```
cnt = 0
for file in os.listdir(ROOT_PATH):
    filename = os.path.join(ROOT_PATH, file)
    img = cv2.imread(filename, -1)
    #创建类似 000000.jpg, 000001.jpg 的文件名
    newfile = '{:0>6d}'.format(cnt) + ".jpg"
    cnt += 1
    dst_filename = os.path.join(DATA_PATH, newfile)
    cv2.imwrite(dst_filename, img)
print("放入 DATA 文件夹的文件数量:", cnt)
```

可以看到，放入 DATA 文件夹的文件数量为 409。

项目总结

本项目使用 OpenCV 库进行图像的读写，通过各种图像属性的基本判断，对不符合要求的图像进行批量清洗处理。

项目4 图像增广

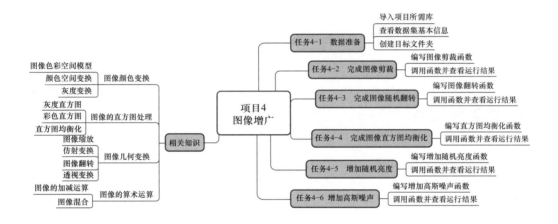

在不能获得足够多的图像的场景下，通常使用图像增广的方式来扩充训练数据。图像增广（Image Augmentation）技术通常指通过对训练图像做一系列随机改变，来产生相似但又不同的训练样本，从而扩大训练数据集的规模。其主要目的在于通过随机改变训练样本可以降低模型对某些属性的依赖，从而提高模型的泛化能力。图像增广的方法有很多种，需要根据实际场景进行选择。

1. 熟悉图像增广的方法以及变换的方式。

2. 能够使用 OpenCV 进行图像颜色空间变换操作。

3. 能够使用 OpenCV 进行图像的直方图处理。

4. 能够使用 OpenCV 进行图像几何变换操作。

5. 能够使用 OpenCV 进行图像的算术运算操作。

相关知识

图像增广的方法有很多种，常用的技术有镜像变换、旋转、缩放、裁剪、平移、亮度修改、添加噪声、剪切、变换颜色等。在图像增广的过程中，可以使用其中一种手段进行扩充，也可以将几种方法组合使用。

以下将详细介绍图像颜色空间变换、几何变换、直方图处理以及图像算术运算等多种方法。

4.1　图像颜色变换

1. 图像色彩空间模型

微课 4-1
图像的基本运算
及颜色变换

（1）RGB 空间模型

RGB 颜色空间以 R（Red，红）、G（Green，绿）、B（Blue，蓝）3 种基本色为基础，进行不同程度的叠加，产生丰富的颜色，俗称三基色模式。

RGB 空间是生活中最常用的一个模型，电视机、计算机的 CRT 显示器等大部分都是采用这种模型。自然界中的任何一种颜色都可以由红、绿、蓝 3 种色光混合而成，现实生活中人们见到的颜色大多也是混合而成的色彩。

任意色彩都是用 R、G、B 三色不同分量的相加混合而成，可以用 $F = r[R] + r[G] + r[B]$ 表示，也可以用一个三维的立方体来描述。当三基色分量都为 0（最弱）时混合为黑色光；当三基色都为 255（最大值，由存储空间决定）时混合为白色光，如图 4-1 所示。

通过 OpenCV 可以查看图像颜色通道。首先用 OpenCV 读取图像，然后通过其行和列坐标访问像素值。特别要注意的是，使用 OpenCV 的 imread() 函数读取彩色图像，其颜色通道的顺序是 B、G、R，因此返回的是一个蓝色、绿色、红色值的数组；对于灰度图像，只返回相应的亮度。以下代码实现了访问和修改图像的像素值：

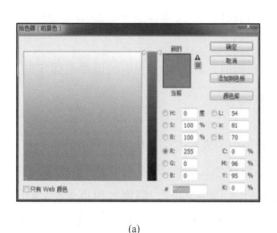
(a)

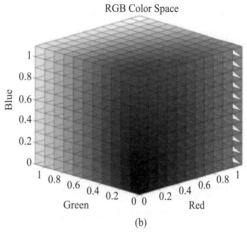
RGB Color Space
(b)

本页彩图

图 4-1

```
import cv2
img = cv2. imread('cat. jpg')
px = img[100,100]
print("(100,100)像素点的值:",px)
blue = img[100,100,0]
print("(100,100)蓝色通道像素点的值:",blue)
img[100,100] = [255,255,255]
print("修改后的像素值:",img[100,100])
```

输出结果如下：

(100,100)像素点的值：[28 32 43]
(100,100)蓝色通道像素点的值：28
修改后的像素值：[255 255 255]

以上代码中 img[100,100]表示行列坐标为[100,100]的像素点，返回值[28 32 43]是分别对应蓝色、绿色、红色值。img[100,100,0]表示行列坐标为[100,100]的像素点对应的蓝色值，第 3 个参数为 1 代表返回绿色通道像素点的值，为 2 代表红色通道像素点的值。

（2）灰度色彩空间

灰度图像通常是指 8 位灰度图，其具有 256 个灰度级别，像素值的范围是[0,255]。因为人眼对 RGB 颜色的感知并不相同，因此转换的时候通常需要给予不同的权重。当图像由 RGB 色彩空间转换为 Gray 色彩空间时，常用的处理方式为 Gray = 0.299R+0.587G+0.114B。

而当图像由 Gray 色彩空间转换为 RGB 色彩空间时，其所有的通道的值都是固定的，即 R = Gray，G = Gray，B = Gray。

（3）HSV 颜色空间模型

HSV 是一种将 RGB 色彩空间中的点在倒圆锥体中的表示方法，H、S、V 分别指色相、饱和度、明度。色相就是平常说的颜色的名称，如红色、黄色等；饱和度是指色彩的纯度，其值越高色彩越纯，越低则逐渐变灰，取值范围 1% ~ 100%。圆锥的顶点处，V = 0，H 和 S 无定义，代表黑色；圆锥的顶面中心处 V = 360（最大值），S = 0，H 无定义，代表白色，如图 4-2 所示。

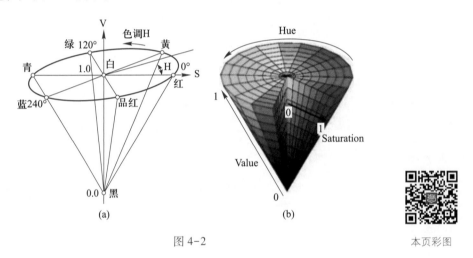

图 4-2

本页彩图

2. 颜色空间变换

OpenCV 图像颜色空间转换的函数是 cv2.cvtColor()，该函数可以将图像从一个颜色空间转换到另外一个颜色空间，各参数说明见表 4-1。

表 4-1

函　　数	说　　明
cv2.cvtColor(src, code, dst = None)	src：需要转换的图像； code：需要转换的颜色空间，常用的值有 cv2.COLOR_BGR2GRAY、cv2.COLOR_BGR2RGB、cv2.COLOR_GRAY2BGR； dst：转换后目标图像的大小

显示图像的时候，也经常使用 Matplotlib 的方法显示。但需要注意的是，OpenCV 读入的图像的颜色通道顺序是 B、G、R，必须先转换成 R、G、B 的顺序，再通过 Matplotlib 显示才能正确展示颜色。

所以通常会把 BGR 通道的图像转换成 RGB 通道，然后用 Matplotlib 进行显示，或者转换成灰度图。代码如下：

```
from matplotlib import pyplot as plt
img = cv2. imread( "cat. jpg")
img_rgb = cv2. cvtColor( img, cv2. COLOR_BGR2RGB)
img_gray = cv2. cvtColor( img, cv2. COLOR_BGR2GRAY)
plt. subplot( 121) ,plt. imshow( img_rgb) ,plt. title( "RGB")
plt. subplot( 122) ,plt. imshow( img_gray,cmap = "gray") ,plt. title( "Gray")
plt. show( )
```

展示的图片如图 4-3 所示。

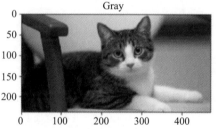

图 4-3

本页彩图

3. 灰度变换

图像的灰度线性变换是通过建立灰度映射来调整原始图像的灰度，通常可以用线性变换公式 $D_B = f(D_A) = aD_A + b$ 表示。其中，D_A 为输入图像灰度值，D_B 为输出图像灰度值，a 为线性函数的斜率，b 为线性函数在 Y 轴的截距。

该算法会提升图像的亮度，增加图像的对比度。对于灰度偏低的图像，可以改善图像的质量，凸显图像的细节。

例如，下面的图像灰度变换示例，由于图像的灰度值范围[0, 255]，所以需要对灰度值进行溢出判断。代码如下：

```
from matplotlib import pyplot as plt
import numpy as np
```

```python
plt.figure(figsize=(10,10))
img = cv2.imread("cat.jpg")
grayImage = cv2.cvtColor(img, cv2.COLOR_BGR2GRAY)
height = grayImage.shape[0]
width = grayImage.shape[1]
result = np.zeros((height, width), np.uint8)
for i in range(height):
    for j in range(width):
        # 根据线性变换公式 a 设置为 1.3,b 设置为-30
        cvt = int(grayImage[i, j] * 1.3 - 30)
        if (cvt > 255):
            gray = 255
        elif (cvt < 0):
            gray = 0
        else:
            gray = cvt
        result[i, j] = np.uint8(gray)
plt.subplot(121),plt.imshow(grayImage,cmap='gray'),plt.title("Gray Image")
plt.subplot(122),plt.imshow(result,cmap='gray'),plt.title("Result")
plt.show()
```

可以看到，图像的对比度增加了。当然也可以调整灰度变换的函数得到不同的效果，如图 4-4 所示。

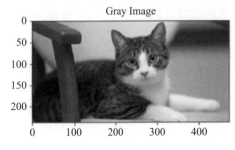
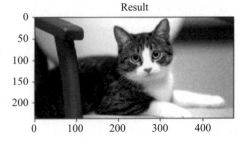

图 4-4

本页彩图

4.2 图像的直方图处理

1. 灰度直方图

直方图，简单来说就是对图像中每个像素值的个数统计。例如说一幅灰度图中灰度值为 0 的像素点有多少个，为 100 的像素点有多少个，为 255 的像素点有多少个，等等。直方图的 X 轴是灰度值（0~255），Y 轴是图片中具有同一个灰度值的像素点的个数。通过直方图，可以对图像的对比度、亮度和灰度分布有一个直观的认识，如图 4-5 所示。

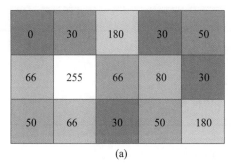
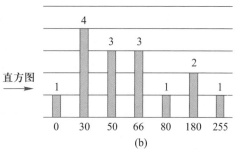

图 4-5

可以用 OpenCV 的函数 cv2.calcHist( ) 帮助做出一幅图像的直方图。首先，需要了解一些直方图的常用术语。

DIMS：表示在绘制直方图时收集的参数数量，一般情况下，直方图收集的数据只有一种，即灰度级，该值为 1。

RANGE：表示要统计的灰度级范围，一般为 [0,255]。

BINS：参数的子集数目。如果要知道 0~255 每个像素值的点数，就需要 256 个 BINS 完成。但是有时只需要在某个范围内的点数，就需要将灰度值分为若干组，例如分为 0~15、16~31……240~255 共 16 组，统计在某一组灰度值范围内的像素点个数就行，那这里就是需要设置 16 个 BINS。

cv2.calcHist( ) 函数的各参数说明见表 4-2。

或者用 NumPy 中的函数 np.histogram( ) 也可以统计直方图，该函数的各参数说明见表 4-3。

表 4-2

函　　数	说　　明
hist = cv2. calcHist（ images， channels， mask， histSize， ranges， accumulate）	images：要计算的原图，以方括号的传入，如［img］； channels：要计算的通道数，灰度图写［0］即可，彩色图的 B、G、R 分别传入［0］、［1］、［2］； mask：要计算的区域，计算整幅图的话则为 None； histSize：BIN 的数目，用方括号的方式传入，如［256］； ranges：要计算的像素值范围，一般为［0,256］； accumulate：一个布尔值，用来表示直方图是否叠加

表 4-3

函　　数	说　　明
hist，bins = np. histogram（ img. ravel（）， histSize， ranges）	img. ravel（）：图像的像素矩阵； histSize：BINS 子区段数目； ranges：要计算的像素值范围，一般为［0,255］

使用两种方法绘制同一幅图像的直方图，代码如下：

```
import cv2
import matplotlib. pyplot as plt
import numpy as np
img = cv2. imread（"flower. jpg"）
grayImage = cv2. cvtColor（img,cv2. COLOR_BGRA2GRAY）
hist1 = cv2. calcHist（［grayImage］,［0］,None,［256］,［0,256］）
hist2,bins = np. histogram（grayImage. ravel（）,256,［0,256］）
plt. subplot（211）,plt. plot（hist1）,plt. title（"hist1"）
plt. subplot（212）,plt. plot（hist2）,plt. title（"hist2"）
plt. show（）
```

绘制的直方图如图 4-6 所示。

2. 彩色直方图

彩色图像有 3 个通道，可以把这 3 个通道分别取出来进行绘制，从而可以查看每个通

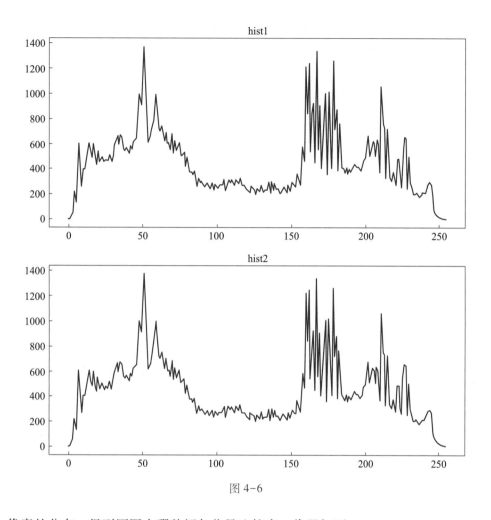

图 4-6

道上像素的分布，得到原图中哪种颜色分量比较多。代码如下：

```
plt. figure( figsize = ( 10,10) )
img = cv2. imread( "cat. jpg" )
hist0 = cv2. calcHist( [img] ,[0] ,None ,[256] ,[0,256] )
plt. plot( hist0, color ='b')
hist1 = cv2. calcHist( [img] ,[1] ,None ,[256] ,[0,256] )
plt. plot( hist1, color ='g')
hist2 = cv2. calcHist( [img] ,[2] ,None ,[256] ,[0,256] )
plt. plot( hist2, color ='r')
plt. show( )
```

输出的结果如图 4-7 所示，可以看到 3 条不同颜色的曲线，其中蓝色的分量比较多。

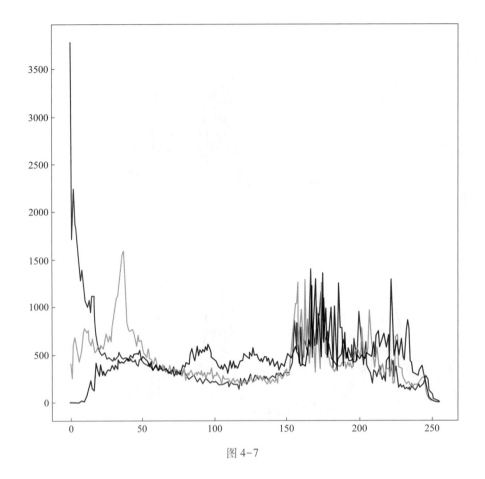

图 4-7

本页彩图

3. 直方图均衡化

（1）直方图均衡化原理

直方图均衡化是对图像的一种抽象表示方式，借助直方图的修改或变换，可以改变图像像素的灰度分布，从而达到对图形进行增强的目的。

直方图是通过对图像的统计得到的，如果是一幅灰度图像，其灰度直方图反映了该图中不同的灰度级别出现的情况。

（2）灰度直方图均衡化

灰度直方图均衡化的目的就是将原始图像的灰度级均匀地映射到整个灰度级范围内，得到一个灰度级均匀分布的图像，这就增加了像素灰度值的动态范围，从而增强图像整体对比度。

通常在原有范围内实现均衡化时，用当前灰度级的累计概率乘以当前灰度级的最大值，得到新的灰度级。OpenCV 提供了图像均衡化的函数 cv2. equalizeHist（），该函数的参数说明见表 4-4。

表 4-4

函　　数	说　　明
cv2. equalizeHist(image)	image：需要进行直方图的图片

实例代码如下：

```
img = cv2. imread("night. jpg")
plt. figure(figsize=(10,10))
gray = cv2. cvtColor(img, cv2. COLOR_BGR2GRAY)
dst = cv2. equalizeHist(gray)
plt. subplot(121),plt. imshow(gray,cmap="gray"),plt. title("orginal")
plt. subplot(122),plt. imshow(dst,cmap="gray"),plt. title("equalizeHist")
plt. show()
```

效果如图 4-8 所示。

图 4-8

本页彩图

绘制直方图的变化，代码如下：

```
hist1 = cv2. calcHist([gray],[0],None,[256],[0,256])
hist2,bins = np. histogram(dst. ravel(),256,[0,256])
plt. subplot(211),plt. plot(hist1),plt. title("hist1")
plt. subplot(212),plt. plot(hist2),plt. title("hist2")
plt. show()
```

效果如图 4-9 所示。

（3）彩色直方图均衡化

彩色图像的直方图均衡化和灰度图像略有不同，需要先用 split() 函数将彩色图像的 3 个通道拆分，然后分别进行均衡化，最后使用 merge() 函数将均衡化之后的 3 个通道进行合并。例如，对彩色图像进行直方图均衡化实例代码如下：

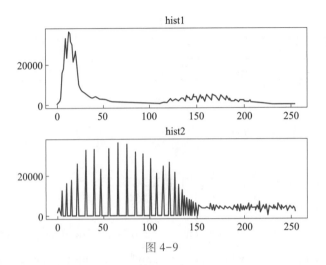

图 4-9

```
img = cv2. imread("night. jpg")
plt. figure(figsize=(15,15))
(b, g, r) = cv2. split(img)
bcolor = cv2. equalizeHist(b)
gcolor = cv2. equalizeHist(g)
rcolor = cv2. equalizeHist(r)
result = cv2. merge((bcolor, gcolor, rcolor))
img_rgb = cv2. cvtColor(img,cv2. COLOR_BGR2RGB)
result_rgb = cv2. cvtColor(result,cv2. COLOR_BGR2RGB)
plt. subplot(121),plt. imshow(img_rgb),plt. title("orginal")
plt. subplot(122),plt. imshow(result_rgb),plt. title("equalizeHist")
plt. show()
```

效果如图 4-10 所示。

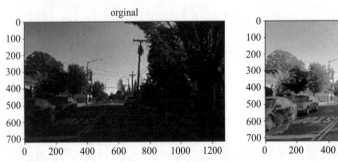

图 4-10

本页彩图

4.3　图像几何变换

1. 图像缩放

改变图像的大小可以使用 cv2. resize( ) 函数，图像的大小可以手动指定，也可以使用缩放比例。该函数的各参数说明见表 4-5。

表 4-5

函　　数	说　　明
cv2. resize(src, dst, dsize, fx, fy, interpolation)	 src：原图像； dst：改变大小之后的图像； dsize：定义输出图像大小，当参数 dsize 不为 0 时，输出 dst 的大小为 dsize；否则它的大小需要根据 src 的大小，以及参数 fx 和 fy 决定； fx：水平轴上的比例因子； fy：垂直轴上的比例因子； interpolation：插值方法

其中，插值方法的使用说明见表 4-6。

表 4-6

插 值 方 法	含　　义
INTER_NEAREST	最近邻插值
INTER_LINEAR	双线性插值（默认设置）
INTER_AREA	使用像素区域关系进行重采样
INTER_CUBIC	4×4 像素邻域的双立方插值
INTER_LANCZOS4	8×8 像素邻域的 Lanczos 插值

可以对图像进行指定大小和比例的变换，示例如下：

```
import cv2
import matplotlib. pyplot as plt
img = cv2. imread( 'opencv. jpg')
```

```
res = cv2. resize( img, ( 100, 100) )
res2 = cv2. resize( img, None, fx = 2, fy = 2, interpolation = cv2. INTER_LINEAR)
plt. figure( figsize = ( 10,10) )
img = cv2. cvtColor( img, cv2. COLOR_BGR2RGB)
res = cv2. cvtColor( res, cv2. COLOR_BGR2RGB)
res2 = cv2. cvtColor( res2, cv2. COLOR_BGR2RGB)
plt. subplot( 131) ; plt. imshow( img) ; plt. title( "img")
plt. subplot( 132) ; plt. imshow( res) ; plt. title( "res")
plt. subplot( 133) ; plt. imshow( res2) ; plt. title( "res2")
plt. show( )
```

效果如图 4-11 所示。

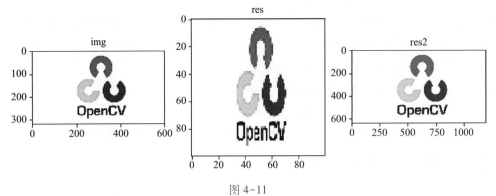

图 4-11

本页彩图

2. 仿射变换

通过仿射变换函数 cv2. warpAffine( )，可实现旋转、平移、缩放，变换后的平行线依旧平行。

（1）图像平移

直接使用 cv2. warpAffine( )函数即可平移图像。将图像沿着 X、Y 轴移动指定的像素，需要构建平移矩阵：t_x 为 X 轴的偏移量，t_y 是 Y 轴的偏移量，单位为像素。

$$M = \begin{bmatrix} 1 & 0 & t_x \\ 0 & 1 & t_y \end{bmatrix}$$

函数的各参数说明见表 4-7。

表 4-7

函　数	说　明
cv2. warpAffine(	
src,	src：图像矩阵；
M,	M：图像的变换矩阵；
dsize)	dsize：输出后的图像大小

例如，读取一幅图像，将图像分别沿 X 轴移动 100 像素，沿 Y 轴移动 50 像素，代码如下：

```
import numpy as np
img = cv2. imread('opencv. jpg')
rows,cols,channel = img. shape
M = np. float32([[1,0,100],[0,1,50]])
dst = cv2. warpAffine(img,M,(cols,rows))
plt. figure(figsize=(10,10))
img=cv2. cvtColor(img, cv2. COLOR_BGR2RGB)
dst=cv2. cvtColor(dst, cv2. COLOR_BGR2RGB)
plt. subplot(121);plt. imshow(img);plt. title("img")
plt. subplot(122);plt. imshow(dst);plt. title("dst")
plt. show()
```

效果如图 4-12 所示。

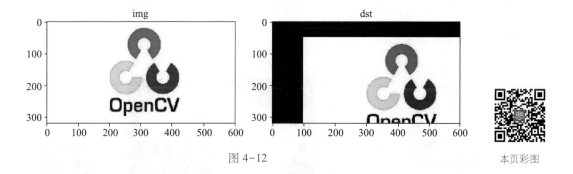

图 4-12

本页彩图

（2）图像旋转

图像旋转是以图像的中心为原点，旋转一定的角度，将图像上的所有像素都旋转一个相同的角度。旋转后图像的大小一般会改变，因为要把转出显示区域的图像截去，或者扩大图像范围来显示所有的图像。

OpenCV 提供了一个获取变换矩阵的函数 cv2. getRotationMatrix2D( )，获取后再通过 cv2. warpAffine( ) 进行变换。cv2. getRotationMatrix2D( ) 函数的各参数说明见表 4-8。

表 4-8

函　　数	说　　明
cv2. getRotationMatrix2D(	
center,	center：图像旋转的中心点；
angle,	angle：旋转的角度；
scale)	scale：图像缩放比例

例如，将图像按照逆时针方向旋转 30°，并缩小到 80%，代码如下：

```
img = cv2. imread('opencv. jpg')
rows,cols,channel = img. shape
M = cv2. getRotationMatrix2D((cols / 2, rows / 2), 30, 0.8)
dst = cv2. warpAffine(img,M,(cols,rows))
plt. figure(figsize=(10,10))
img=cv2. cvtColor(img, cv2. COLOR_BGR2RGB)
dst=cv2. cvtColor(dst, cv2. COLOR_BGR2RGB)
plt. subplot(121);plt. imshow(img);plt. title("img")
plt. subplot(122);plt. imshow(dst);plt. title("dst")
plt. show()
```

效果如图 4-13 所示。

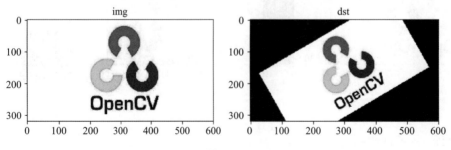

图 4-13

本页彩图

（3）扭曲变换

扭曲变换是两种简单变换的叠加：一种是线性变换；另一种是平移变换。在扭曲变换中，原始图像中的所有平行线仍将在输出图像中平行。

在 OpenCV 中完成扭曲变换，可以通过函数 cv2. getAffineTransform（）获取变换矩阵，再通过 cv2. warpAffine（）函数进行变换。要获取变换矩阵，只需要输入图像中的 3 个点及其在输出图像中的相应位置即可。cv2. getAffineTransform（）函数的各参数说明见表 4-9。

表 4-9

函　　数	说　　明
cv2. getAffineTransform（ src， dst）	src：原图像的三个坐标点； dst：仿射后图像的三个坐标点

设定原图和变换后图像对应的 3 个坐标点，进行扭曲变换的代码如下：

```
img = cv2. imread('opencv. jpg')
rows,cols,ch = img. shape
pts1 = np. float32([[0,0],[256,0],[0,256]])
pts2 = np. float32([[50,100],[256,50],[0,256]])
M = cv2. getAffineTransform(pts1,pts2)
dst = cv2. warpAffine(img,M,(cols,rows))
plt. figure(figsize=(10,10))
img=cv2. cvtColor(img, cv2. COLOR_BGR2RGB)
img=cv2. cvtColor(img, cv2. COLOR_BGR2RGB)
plt. subplot(121);plt. imshow(img);plt. title("img")
plt. subplot(122);plt. imshow(dst);plt. title("dst")
plt. show()
```

效果如图 4-14 所示。

3. 图像翻转

对图像进行水平或者垂直方向上的翻转，可以使用 cv2. flip（）函数，该函数的各参数说明见表4-10。

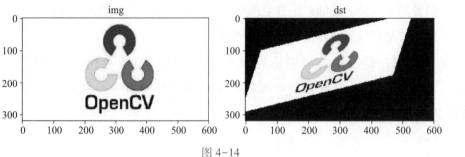

图 4-14

本页彩图

表 4-10

函　　数	说　　明
cv2. flip(src, flipCode[,dst])	src：原始图像； flipcode：1 为水平翻转；0 为垂直翻转；–1 为水平垂直翻转

对一张图进行各个方向的翻转，示例代码如下：

```
plt. figure(figsize = (10,8))
img = cv2. cvtColor(img, cv2. COLOR_BGR2RGB)
h = cv2. flip(img, 1)
v = cv2. flip(img, 0)
hv = cv2. flip(img, -1)
h = cv2. cvtColor(h, cv2. COLOR_BGR2RGB)
v = cv2. cvtColor(v, cv2. COLOR_BGR2RGB)
hv = cv2. cvtColor(hv, cv2. COLOR_BGR2RGB)
plt. subplot(221);plt. imshow(img);plt. title("img")
plt. subplot(222);plt. imshow(h);plt. title("H_flip")
plt. subplot(223);plt. imshow(v);plt. title("V_flip")
plt. subplot(224);plt. imshow(hv);plt. title("HV_flip")
plt. show()
```

效果如图4-15所示。

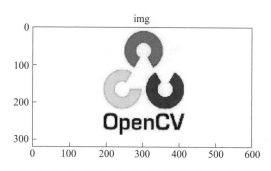
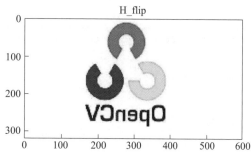
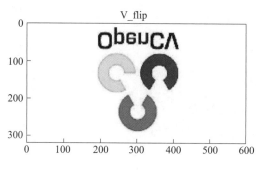
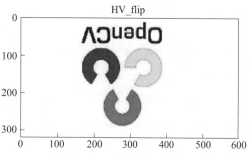

图 4-15

本页彩图

4. 透视变换

透视变换（Perspective Transformation）是将成像投影到一个新的视平面。需要分配一个 3×3 的变换矩阵，为了找到这个变化矩阵，需要提供原图和投影图对应的 4 个控点坐标，可以通过 cv2. getPerspectiveTransform( ) 函数得到对应的变换矩阵，并用 cv2. warpPerspective( ) 函数完成投影变换。透视变换可保持直线不变形，但是平行线可能不再平行，因此使用 cv2. warpPerspective( ) 函数解决 cv2. warpAffine( ) 函数不能处理视场和图像不平行的问题。cv2. getPerspectiveTransform( ) 函数的各参数说明见表 4-11。

表 4-11

函　　　数	说　　　明
cv2. getPerspectiveTransform(src, dst)	src：原图像的 4 个坐标点； dst：变换后的 4 个坐标点

cv2. warpPerspective( ) 函数的各参数说明见表 4-12。

表 4-12

函　数	说　明
cv2. warpPerspective(src, map_matrix, flags, fillval)	src：输入图像； dst：输出图像； map_matrix：变换矩阵； flags：插值方法； fillval：用来填充边界外面的值

透视变换示例代码如下：

```
img = cv2. imread('opencv. jpg')
rows,cols,ch = img. shape
pts1 = np. float32([[0,0],[256,0],[0,256],[256,256]])
pts2 = np. float32([[50,100],[200,100],[0,256],[256,256]])
M = cv2. getPerspectiveTransform(pts1,pts2)
dst = cv2. warpPerspective(img,M,(cols,rows))
plt. figure(figsize=(10,10))
img=cv2. cvtColor(img, cv2. COLOR_BGR2RGB)
img=cv2. cvtColor(img, cv2. COLOR_BGR2RGB)
plt. subplot(121);plt. imshow(img);plt. title("img")
plt. subplot(122);plt. imshow(dst);plt. title("dst")
plt. show()
```

效果如图 4-16 所示。

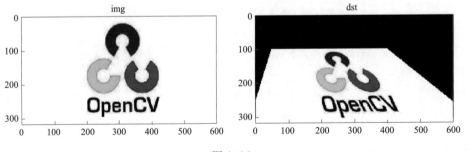

图 4-16

本页彩图

4.4 图像的算术运算

1. 图像的加减运算

（1）加法运算

可以使用函数 cv2. add( )将两幅图像进行相加运算。在进行相加运算过程中，要求两幅必须大小相同、类型一致，或者第 2 个图像是一个简单的标量。注意，OpenCV 的加法运算和 NumPy 中的直接相加不同：OpenCV 对超过 255 的数值按照 255 处理，NumPy 相加会取模处理。cv2. add( )函数的各参数说明见表 4-13。

表 4-13

函　　数	说　　明
cv2. add(	
src1 ,	src1：图像矩阵 1；
src2 ,	src2：图像矩阵 2；
dst = None ,	dst：默认选项；
mask = None ,	mask：图像掩模；
dtype = None)	dtype：默认选项

例如，将图像和一张灰色图直接相加，代码如下：

```
import cv2
import numpy as np
import matplotlib. pyplot as plt
image = cv2. imread( "cat. jpg")
#生成与 image 大小一样的全 100 矩阵 M1
M1 = np. ones( image. shape, dtype = "uint8") * 100
#将图像 image 与 M 相加
added = cv2. add( image, M1)
# 绘制出图像
plt. figure( "demo")
```

```
ori_image = cv2. cvtColor( image, cv2. COLOR_BGR2RGB)
added = cv2. cvtColor( added, cv2. COLOR_BGR2RGB)
plt. subplot( 121);plt. imshow( ori_image);plt. title( "original")
plt. subplot( 122);plt. imshow( added);plt. title( "added")
plt. show( )
```

效果如图 4-17 所示。

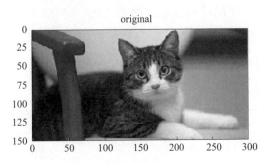 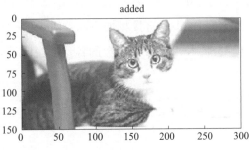

图 4-17

本页彩图

（2）减法运算

可以使用函数 cv2. subtract( )将两幅图像进行减法运算。在进行减法运算过程中，要求两幅必须大小相同、类型一致，或者第 2 个图像是一个简单的标量。函数的各参数说明见表 4-14。

表 4-14

函　数	说　明
cv2. subtract(	
src1,	src1：图像矩阵 1；
src2,	src2：图像矩阵 2；
dst = None,	dst：默认选项；
mask = None,	mask：默认选项；
dtype = None)	dtype：默认选项

例如，将图像和一张灰色图相减，代码如下：

```
M2 = np. ones( image. shape,dtype = "uint8") * 50
#将图像 image 与 M 相减
substracted = cv2. subtract( image,M2)
```

```
plt. figure("demo")
substracted = cv2. cvtColor(substracted, cv2. COLOR_BGR2RGB)
plt. subplot(121); plt. imshow(ori_image); plt. title("original")
plt. subplot(122); plt. imshow(substracted); plt. title("substracted")
plt. show()
```

效果如图 4-18 所示。

 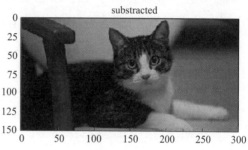

图 4-18

本页彩图

2. 图像混合

图像混合函数 cv2. addWeighted() 也是一种图片相加的操作，只不过两幅图片的权重不一样，gamma 相当于一个修正值。函数的各参数说明见表 4-15。

表 4-15

函　数	说　明
cv2. addWeighted(	
src1,	src1：图像矩阵 1；
alpha,	alpha：图像 1 的透明度；
src2,	src2：图像矩阵 2；
beta,	beta：图像 2 的透明度；
gamma,	gamma：图像的修正值；
dst = None,	dst：默认选项；
dtype = None)	dtype：默认选项

例如，把两张同样大小的图进行混合，代码如下：

```
img1 = cv2. imread('opencv. jpg')
```

```
img1_ = cv2. resize(img1, (200, 200))
img2 = cv2. imread('mushroom. png')
img2_ = cv2. resize(img2, (200, 200))
dst = cv2. addWeighted(img1_,0. 5,img2_,0. 5,0)
plt. figure(figsize = (10,10))
img1 = cv2. cvtColor(img1, cv2. COLOR_BGR2RGB)
img2 = cv2. cvtColor(img2, cv2. COLOR_BGR2RGB)
dst = cv2. cvtColor(dst, cv2. COLOR_BGR2RGB)
plt. subplot(131);plt. imshow(img1);plt. title("img1")
plt. subplot(132);plt. imshow(img2);plt. title("img2")
plt. subplot(133);plt. imshow(dst);plt. title("dst")
plt. show()
```

效果如图 4-19 所示。

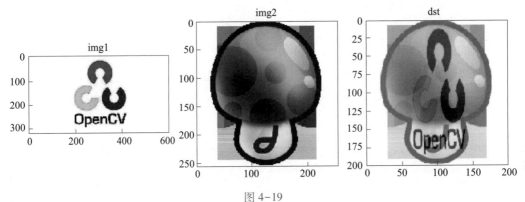

图 4-19

本页彩图

项目任务

任务 4-1　数据准备

任务描述

首先查看已有数据的基本情况，并创建用于存放增广图像的文件目录。

任务实施

步骤 1：导入项目所需库。

导入处理图像的 os、NumPy 和 OpenCV 库，以及随机操作的 random 库，代码如下：

```
import cv2
import os
import random
import numpy as np
```

步骤 2：查看数据集基本信息。

原始图像放到目录 data 的子目录 hotdog、not-hotdog 下，查看当前数据集的数量，代码如下：

```
ROOT_PATH = './data/' #数据所在源目录
subfolders = os. listdir( ROOT_PATH)
for subfolder in subfolders:
    source_path = os. path. join( ROOT_PATH, subfolder)
    print( "{}{}文件夹下共{}个文件". format( ROOT_PATH, subfolder,
len( os. listdir( source_path) ) ) )
```

输出结果如下：

```
./data/hotdog 文件夹下共 400 个文件
./data/not-hotdog 文件夹下共 400 个文件
```

步骤 3：创建目标文件夹。

创建目标文件夹 aug_data，并创建与源文件目录相同的子文件夹，用于存放生成的增广图像，代码如下：

```
RESIZE_PATH = './aug_resize_data/' #统一格式图像存放目录
DST_PATH = './aug_data/' #增广数据所在目标目录
#目标目录不存在则创建,并创建源目录下的子文件夹
if not os. path. exists( DST_PATH):
    for subfolder in subfolders:
```

```
new_dir_path = os. path. join(DST_PATH, subfolder)
os. makedirs(new_dir_path)
new_resize_dir_path = os. path. join(RESIZE_PATH, subfolder)
os. makedirs(new_resize_dir_path)
```

执行代码，完成 . /aug_data/hotdog、. /aug_data/not-hotdog、. /aug_resize_data/hotdog 和 . /aug_resize_data/not-hotdog 目录的创建。

任务 4-2 完成图像剪裁

任务描述

对图像进行不同方式的裁剪，可以使感兴趣的物体出现在图像中的不同位置，从而减轻模型对物体出现位置的依赖性。本任务将使用图像剪裁的方式来进行图像增广。

任务实施

步骤 1：编写图像剪裁函数。

定义 rdnsize（img, width, height）函数，输入参数分别是图像、剪裁的目标尺寸（宽和高）。在函数中，首先获取图像的原始宽和高，并与目标尺寸进行比较，如果比目标尺寸小，则直接使用 resize 函数进行大小变换。如果比目标尺寸大，采取随机剪裁的方式，在 X 轴和 Y 轴上随机取得一个起始坐标，保证裁剪的范围在图像之内，截取其中一块作为图像。这样，对大图进行剪裁时，每次可能获取图像的不同区域，可以根据实际情况增广更多。最后通过 NumPy 切片的方式直接获取剪裁后的图像并返回。代码如下：

```
def rdnsize(img,width,height):
    h,w,d = img. shape   #获取图像尺寸
    #对比裁剪目标图像的尺寸大小
    if h < height or w < width:
        #小图像直接变换尺寸
        result = cv2. resize(img, (width,height))
    else:
```

```
#大图像在 X、Y 轴上随机获得裁剪的坐标
y = random. randint(0, h - height)
x = random. randint(0, w - width)
#裁剪到符合大小的图片
result = img[y:y+height, x:x+width ,:]
return result
```

步骤 2：调用函数并查看运行结果。

遍历文件夹 ./data/hotdog 和 ./data/not-hotdog 下的图片文件，调用图像剪裁函数，统一图像尺寸到 224×224 像素，将经过统一剪裁处理的图像分别存放到 ./aug_data/ 和 ./aug_resize_data/ 对应的目录中，代码如下：

```
for subfolder in subfolders：
    dir_path = os. path. join(ROOT_PATH, subfolder)
    #收集子文件夹下图像文件名称(含扩展名)
    file_names = os. listdir(dir_path)
    #获得文件名和序号
    for cnt, ff in enumerate(file_names)：
        # 获取图像文件的全路径
        path_read_filename =  os. path. join(ROOT_PATH, subfolder, ff) #ff 是包含
图像文件扩展名的
        #读取图像文件,如果失败,则进入下一个循环
        img = cv2. imread(path_read_filename)
        if img is None：
            print("Faild to read image:",path_read_filename)
            continue
        # 调用函数,随机裁剪图像,并统一尺寸
        resized_file = rdnsize(img,224,224)
        # 命名为类似 hotdog_000. jpg
        filename = "{}_{:0>3d}. jpg". format(subfolder, cnt)
        resized_filename = os. path. join(DST_PATH, subfolder, filename)
```

cv2. imwrite(resized_filename, resized_file)

resized_filename = os. path. join(RESIZE_PATH, subfolder, filename)

cv2. imwrite(resized_filename, resized_file)

print("｛｝｛｝文件夹下共新增｛｝个随机剪裁图像". format(DST_PATH, subfolder, cnt+1))

print("｛｝｛｝文件夹下共新增｛｝个随机剪裁图像". format(RESIZE_PATH, subfolder, cnt+1))

可以看到，在 ./aug_data/hotdog、./aug_data/not-hotdog、./aug_resize_data/hotdog 和 ./aug_resize_data/not-hotdog目录下经过图像剪裁处理后的图像文件，如图 4-20 所示。

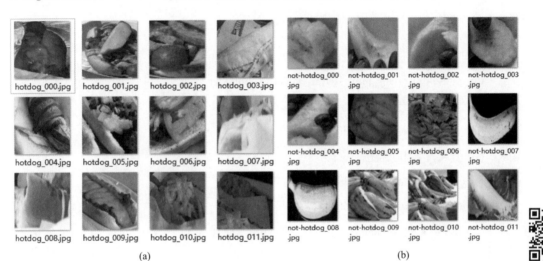

(a)   (b)

图 4-20

本页彩图

任务 4-3 完成图像随机翻转

任务描述

对图像进行不同形式的翻转，包括水平方向翻转、垂直方向翻转以及两个方向同时翻转，也可以达到使感兴趣的物体出现在图像中的不同位置的效果。本任务将使用图像随机翻转的方式来进行图像增广。

任务实施

步骤 1：编写图像翻转函数。

定义 rdnflip(img) 函数，输入参数是图像。在函数中，随机获取-1、0、1 之中的一个翻转参数，然后调用 cv2.flip() 函数完成随机翻转，并将翻转后的图像返回。代码如下：

```
def rdnflip(img):
    #随机获取翻转类型:1 为水平翻转;0 为垂直翻转;-1 为双向翻转
    flipcode = random.randint(-1,1)
    #对图像进行翻转
    result = cv2.flip(img,flipcode)
    return result
```

步骤 2：调用函数并查看运行结果。

遍历文件夹 ./aug_resize_data/hotdog 和 ./aug_resize_data/not-hotdog 下的图片文件，调用图像随机翻转函数，将经过随机翻转的处理的图像分别存放到 ./aug_data/对应的子目录中，代码如下：

```
for subfolder in subfolders:
    dir_path = os.path.join(RESIZE_PATH, subfolder)
    file_names = os.listdir(dir_path)
    for cnt, ff in enumerate(file_names):
        path_read_filename = os.path.join(RESIZE_PATH, subfolder, ff)
        img = cv2.imread(path_read_filename)
        #随机翻转文件
        flipped_file = rdnflip(img)
        #命名为类似 flipped_hotdog_000.jpg
        filename = "flipped_{}_{:0>3d}.jpg".format(subfolder, cnt)
        flipped_filename = os.path.join(DST_PATH, subfolder, filename)
        cv2.imwrite(flipped_filename,flipped_file)
    print("{}{}文件夹下共新增{}个随机翻转图像
".format(DST_PATH,subfolder,cnt+1))
```

可以看到在 ./aug_data/hotdog 和 ./aug_data/not-hotdog 目录下经过图像翻转处理后的图像文件,如图 4-21 所示。

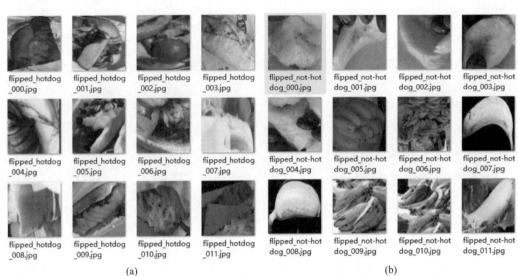

(a)   (b)

图 4-21

本页彩图

任务 4-4　完成图像直方图均衡化

任务描述

对图像进行直方图均衡化处理,可以使感兴趣的物体出现在图像中的不同位置,从而减轻模型对物体色彩的依赖性。本任务将使用直方图均衡化的方式来进行图像增广。

任务实施

步骤 1:编写直方图均衡化函数。

定义 equalize(img) 函数,传入参数是图像。在函数中,首先把图像的 3 个颜色通道进行分离,再分别进行直方图均衡化处理,然后将均衡化的颜色通道合并,最后将处理完成的图像返回。代码如下:

```
def equalize(img):
    #颜色通道分离
```

```
        (b, g, r) = cv2. split(img)
        #分别进行直方图均衡化
        b_equalize = cv2. equalizeHist(b)
        g_equalize = cv2. equalizeHist(g)
        r_equalize = cv2. equalizeHist(r)
        #颜色通道合并
        result = cv2. merge((b_equalize, g_equalize, r_equalize))
        return result
```

步骤 2：调用函数并查看运行结果。

遍历文件夹 ./aug_resize_data/hotdog 和 ./aug_resize_data/not-hotdog 下的图片文件，调用直方图均衡化函数，将经过直方图均衡化处理的图像分别存放到 ./aug_data/对应的子目录中。代码如下：

```
for subfolder in subfolders：
        dir_path = os. path. join(RESIZE_PATH, subfolder)
        file_names = os. listdir(dir_path)
        for cnt, ff in enumerate(file_names)：
                path_read_filename =  os. path. join(RESIZE_PATH, subfolder, ff)
                img = cv2. imread(path_read_filename)
                #进行直方图均衡化
                equalized_file = equalize(img)
                #命名为类似 equalized_hotdog_000. jpg
                filename = "equalized_{}_{:0>3d}. jpg". format(subfolder, cnt)
                equalized_filename = os. path. join(DST_PATH, subfolder, filename)
                cv2. imwrite(equalized_filename,equalized_file)
        print("{}{}文件夹下共新增{}个直方图均值化图像". format(DST_PATH,
subfolder,cnt+1))
```

可以看到在 ./aug_data/hotdog 和 ./aug_data/not-hotdog 目录下，经过直方图均衡化处理后的图像文件，如图 4-22 所示。

equalized_hotd og_000.jpg	equalized_hotd og_001.jpg	equalized_hotd og_002.jpg	equalized_hotd og_003.jpg	equalized_not-h otdog_000.jpg	equalized_not-h otdog_001.jpg	equalized_not-h otdog_002.jpg	equalized_not-h otdog_003.jpg

equalized_hotd og_004.jpg　equalized_hotd og_005.jpg　equalized_hotd og_006.jpg　equalized_hotd og_007.jpg　equalized_not-h otdog_004.jpg　equalized_not-h otdog_005.jpg　equalized_not-h otdog_006.jpg　equalized_not-h otdog_007.jpg

equalized_hotd og_008.jpg　equalized_hotd og_009.jpg　equalized_hotd og_010.jpg　equalized_hotd og_011.jpg　equalized_not-h otdog_008.jpg　equalized_not-h otdog_009.jpg　equalized_not-h otdog_010.jpg　equalized_not-h otdog_011.jpg

(a)   (b)

图 4-22

 本页彩图

任务 4-5　增加随机亮度

任务描述

除了调整色彩因素之外，还可以通过调整图像亮度来进行图像数据集的增广，以降低模型对亮度的敏感度。本任务将使用增加随机亮度的方式来进行图像增广。

任务实施

步骤 1：编写增加随机亮度函数。

定义 rdnbright（img，max）函数，输入参数分别是图像以及最大的亮度值。在函数中，先获取亮度变换的随机数，然后生成和原图一样大小的灰度图，亮度设置为这个随机数。然后通过 cv2. add（）函数和原图相加，获取增强了亮度的图像，并返回。代码如下：

```
def rdnbright( img, max) :
    #获取亮度的随机数
    rdn = random. randint( 0, max)
```

```
#生成灰度图
(h, w) = img. shape[ :2]
bright = np. ones((h, w), dtype=np. uint8) * rdn
#将灰度图像转成彩色图
bright_bgr = cv2. cvtColor(bright, cv2. COLOR_GRAY2BGR)
#和原始图像混合,完成图像加噪声
result = cv2. add(img, bright_bgr)
return result
```

步骤 2：调用函数并查看运行结果。

遍历文件夹 ./aug_resize_data/hotdog 和 ./aug_resize_data/not-hotdog 下图片文件，调用增加随机亮度函数，将经过随机亮度处理的图像分别存放到 ./aug_data/ 对应的子目录中。代码如下：

```
for subfolder in subfolders:
    dir_path = os. path. join(RESIZE_PATH, subfolder)
    file_names = os. listdir(dir_path)
    for cnt, ff in enumerate(file_names):
        path_read_filename =  os. path. join(RESIZE_PATH, subfolder, ff)
        img = cv2. imread(path_read_filename)
        #增加随机亮度
        bright_file = rdnbright(img,50)
        #命名为类似 bright_hotdog_000. jpg
        filename = "bright_{}_{:0>3d}. jpg". format(subfolder, cnt)
        bright_filename = os. path. join(DST_PATH, subfolder, filename)
        cv2. imwrite(bright_filename,bright_file)
    print("{}{}文件夹下共新增{}个随机亮度图像". format(DST_PATH,subfolder,
cnt+1))
```

可以看到在 ./aug_data/hotdog 和 ./aug_data/not-hotdog 目录下，经过增加随机亮度处理后的图像文件，如图 4-23 所示。

bright_hotdog_
000.jpg　　bright_hotdog_
001.jpg　　bright_hotdog_
002.jpg　　bright_hotdog_
003.jpg　　bright_not-hotd
og_000.jpg　　bright_not-hotd
og_001.jpg　　bright_not-hotd
og_002.jpg　　bright_not-hotd
og_003.jpg

bright_hotdog_
004.jpg　　bright_hotdog_
005.jpg　　bright_hotdog_
006.jpg　　bright_hotdog_
007.jpg　　bright_not-hotd
og_004.jpg　　bright_not-hotd
og_005.jpg　　bright_not-hotd
og_006.jpg　　bright_not-hotd
og_007.jpg

bright_hotdog_
008.jpg　　bright_hotdog_
009.jpg　　bright_hotdog_
010.jpg　　bright_hotdog_
011.jpg　　bright_not-hotd
og_008.jpg　　bright_not-hotd
og_009.jpg　　bright_not-hotd
og_010.jpg　　bright_not-hotd
og_011.jpg

(a)　　　　　　　　　　　　　　　　　　(b)

图 4-23

本页彩图

任务 4-6　增加高斯噪声

任务描述

给图像添加高斯噪声可以有效使图像高频特征失真，通过这种方式增加的样本能增强模型学习能力。本任务将通过增加高斯噪声的方式来进行图像增广。

任务实施

步骤 1：编写增加高斯噪声函数。

定义 addnoise(img，mean，sigma) 函数，输入参数分别是图像、平均值以及标准差。在函数中，先生成和原图一样大小的灰色噪声图像，再将噪声图像转成彩色图，然后通过 cv2. add( ) 函数和原图相加，获取带噪声的彩色图像并返回。代码如下：

```
def addnoise(img，mean，sigma)：
    #获取图像的行和高
    (h，w) = img. shape[ :2]
    #生成一个同样大小的噪声图像
```

```
noise = np.zeros((h, w), dtype=np.uint8)
#用均值为 mean, 标准差为 sigma
cv2.randn(noise, mean, sigma)
#将噪声图像转成彩色图
noise_bgr = cv2.cvtColor(noise, cv2.COLOR_GRAY2BGR)
#和原始图像混合, 完成图像加噪声
result = cv2.add(img, noise_bgr)
return result
```

步骤 2：调用函数并查看运行结果。

遍历文件夹 ./aug_resize_data/hotdog 和 ./aug_resize_data/not-hotdog 下图片文件, 调用增加高斯噪声函数, 将经过高斯噪声处理的图像分别存放到 ./aug_data/对应的子目录中。代码如下：

```
for subfolder in subfolders:
    dir_path = os.path.join(RESIZE_PATH, subfolder)
    file_names = os.listdir(dir_path)
    for cnt, ff in enumerate(file_names):
        path_read_filename = os.path.join(RESIZE_PATH, subfolder, ff)
        img = cv2.imread(path_read_filename)
        #增加高斯噪声
        noisy_file = addnoise(img,0,15)
        #命名为类似 noisy_hotdog_000.jpg
        filename = "noisy_{}_{:0>3d}.jpg".format(subfolder, cnt)
        noisy_filename = os.path.join(DST_PATH, subfolder, filename)
        cv2.imwrite(noisy_filename, noisy_file)
    print("{}{}文件夹下共新增{}个高斯噪声图像".format(DST_PATH, subfolder, cnt+1))
```

可以看到在 ./aug_data/hotdog 和 ./aug_data/not-hotdog 目录下, 经过增加高斯噪声处理后的图像文件, 如图 4-24 所示。

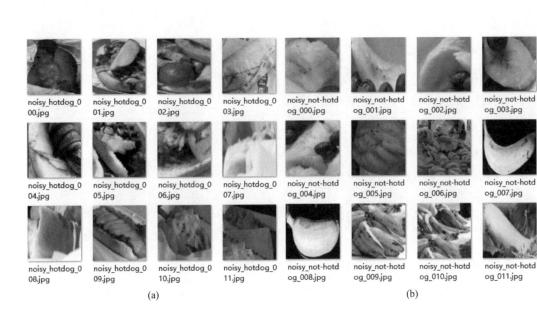

(a)　　　　　　　　　　　　　　　(b)

图 4-24

本页彩图

项目总结

　　为了获得更多的训练图像，采用调整图像明暗度、调整灰度、增加噪点、调整色彩、进行几何变换和调整尺寸大小等图像增广方式，实现图像增广等常用的预处理工作。

　　本项目中，有一组热狗（hotdog）的图像，还有一组不是热狗的图像。首先，对图像进行统一尺寸的裁剪，然后通过随机翻转图像，增加一倍；再随机增加一定的亮度，增加一倍的图像数量；再然后，对图像进行直方图均衡，改变颜色的方式完成一次增广；最后，再增加高斯噪声的方式，完成一次增广。最终，获取了原来 5 倍数量的图像。

项目5　可视化图像检测

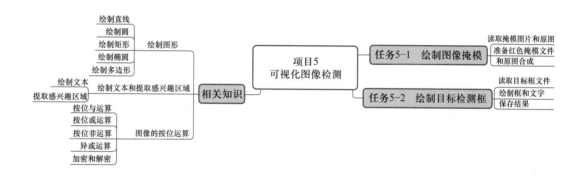

　　对图像中的主体物进行目标检测和语义分割是常见的计算机视觉任务。通过标注或者模型推理，经常会得到掩模图像或者目标检测的坐标信息，但是这种结果并不直观。通常需要将结果绘制到原图上，才能看到更直观的效果。因此，本项目的主要操作就是对图像的掩模和目标检测结果进行可视化展示。

学习目标

　　1. 能够使用 OpenCV 绘制图形。

　　2. 能够使用 OpenCV 绘制文字。

　　3. 能够读取处理图像和 npy 格式的掩模图像。

相关知识

5.1　绘制图形

微课 5-1
绘制图形与文本

1. 绘制直线

绘制直线的函数是 cv2. line()，需要指定起点坐标与终点坐标，该函数各参数说明见表 5-1。

表 5-1

函　　数	说　　明
cv2. line(image, pt1, pt2, color, thickness, lineType)	image：绘制的源图像； pt1：起点坐标； pt2：终点坐标； color：直线的颜色； thickness：直线的粗细，默认值是 1，如果是闭合图像设置为-1； lineType：线条的类型，抗锯齿等，默认值是 8

用粗细为 5 像素的蓝色线条绘制一条直线。代码如下：

```
import numpy as np
import cv2
img = np. zeros((512,512,3),np. uint8)
cv2. line(img,(0,0),(511,511),(255,0,0),5)
cv2. namedWindow('line',cv2. WINDOW_NORMAL)
cv2. imshow('line',img)
cv2. waitKey(0)
cv2. destroyAllWindows()
```

输出结果如图 5-1 所示。

图 5-1

本页彩图

2. 绘制圆

绘制圆的函数是 cv2. circle( )，需要指定圆心的位置和圆的半径。该函数各参数说明见表 5-2。

表 5-2

函　　数	说　　明
cv2. circle(image , center , radius , color , thickness , lineType)	image：绘制的源图像； center：圆心坐标； radius：圆的半径； color：线的颜色； thickness：直线的粗细，默认值是 1，如果是闭合图像设置为-1； lineType：线条的类型，抗锯齿等，默认值是 8

绘制一个红色的实心圆，代码如下：

```
img = np. zeros( (512,512,3) ,np. uint8)
cv2. circle( img,(256,256) ,60,(0,0,255) ,-1)
cv2. namedWindow('circle',cv2. WINDOW_NORMAL)
cv2. imshow('circle',img)
cv2. waitKey(0)
cv2. destroyAllWindows( )
```

输出结果如图 5-2 所示。

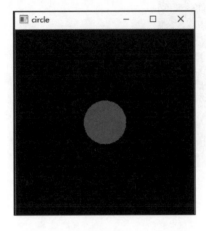

图 5-2   本页彩图

3. 绘制矩形

绘制矩形的函数是 cv2. rectangle( )，需要指定左上角坐标和右下角坐标。该函数各参数说明见表 5-3。

表 5-3

函　　数	说　　明
cv2. rectangle(	
image,	image：需要绘制的图像；
pt1,	pt1：左上角坐标；
pt2,	pt2：右下角坐标；
color,	color：直线的颜色；
thickness,	thickness：直线的粗细，默认值是 1，如果是闭合图像设置为-1；
lineType)	lineType：线条的类型，抗锯齿等，默认值是 8

在图像的右上角绘制一个绿色的线框，代码如下：

```
img = np. zeros((512,512,3),np. uint8)
cv2. rectangle(img,(384,0),(512,128),(0,255,0),3)
cv2. namedWindow('rectangle',cv2. WINDOW_NORMAL)
cv2. imshow('rectangle',img)
```

```
cv2. waitKey(0)
cv2. destroyAllWindows( )
```

输出结果如图 5-3 所示。

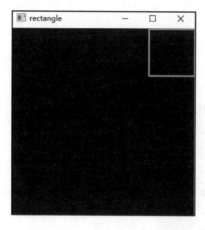

图 5-3

本页彩图

4. 绘制椭圆

绘制椭圆的函数是 cv2. ellipse( )，需要指定长轴和短轴。该函数各参数说明见表 5-4。

表 5-4

函　　数	说　　明
cv2. ellipse(	
image ,	image：需要绘制的图像；
center ,	center：椭圆的中心尺寸；
axes ,	axes：椭圆的长短轴；
angle ,	angle：椭圆的旋转角度（顺时针）；
startAngle ,	startAngle：绘制的起始角度；
endAngle ,	endAngle：绘制的终止角度；
color ,	color：直线的颜色；
thickness ,	thickness：直线的粗细，默认值是 1，如果是闭合图像设置为-1；
lineType)	lineType：线条的类型，抗锯齿等，默认值是 8

绘制一个蓝色的椭圆，代码如下：

```
img = np. zeros((512,512,3),np. uint8)
```

```
cv2. ellipse( img,( 256,256) ,( 100,50) ,0,45,300,( 255,0,0) ,-1)
cv2. namedWindow('ellipse',cv2. WINDOW_NORMAL)
cv2. imshow('ellipse',img)
cv2. waitKey(0)
cv2. destroyAllWindows()
```

输出结果如图 5-4 所示。

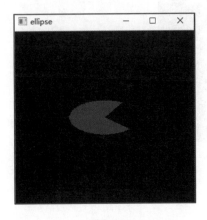

图 5-4

本页彩图

5. 绘制多边形

绘制多边形的函数是 cv2. polylines(), 需要设置图像是否是闭合。该函数各参数说明见表 5-5。

表 5-5

函　数	说　明
cv2. polylines(image, pts, bool, color, thickness)	image：要绘制的多边形的图像； pts：多边形顶点的列表； bool：True 表示图像闭合，False 表示多边形不闭合； color：线条的颜色； thickness：线条粗细

绘制一个闭合多边形，代码如下（注意多边形顶点列表是一个三维数组）：

```
img = np. zeros(( 512,512,3) ,np. uint8)
```

```
pts = np. array([[100, 5], [500, 100], [512, 200], [200, 300]], np. int32)
pts = pts. reshape((-1, 1, 2))
cv2. polylines(img, [pts], True, (0, 0, 255), 3)
cv2. namedWindow('polylines', cv2. WINDOW_NORMAL)
cv2. imshow('polylines', img)
cv2. waitKey(0)
cv2. destroyAllWindows()
```

输出结果如图 5-5 所示。

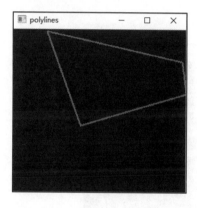

图 5-5

本页彩图

5.2　绘制文本

绘制文本的函数是 cv2. putText( )，该函数各参数说明见表 5-6。

表 5-6

函　　　数	说　　　明
cv2. putText(	
image,	image：需要绘制的图像；
text,	text：需要绘制的文字；
pt1,	pt1：字体左下角的坐标；
font,	font：字体；
size,	size：字体的大小；
color,	color：字体的颜色；
thickness)	thickness：直线的粗细，默认值是 1

在图片上写下"OpenCV"文字,代码如下:

```
img = np. zeros((512,512,3),np. uint8)
font = cv2. FONT_HERSHEY_SIMPLEX
cv2. putText(img,'OpenCV',(10,500), font, 4,(255,255,255),2)
cv2. namedWindow('putText',cv2. WINDOW_NORMAL)
cv2. imshow('putText',img)
cv2. waitKey(0)
cv2. destroyAllWindows()
```

效果如图 5-6 所示。

图 5-6

5.3　提取感兴趣区域

在图像处理过程中,常需要设置感兴趣区域(Region of Interest,ROI)以专注或者简化工作过程,即从图像中选择一个区域,这个区域是图像分析所关注的重点,在这个区域里进行操作,能提高程序的准确性和性能。ROI 通常是使用 NumPy 数组的索引来获取的。例如,在图中把人脸部分设定为 ROI 区域,并修改成灰度图,代码如下:

```
img = cv2. imread('face. jpg')
face = img[200:400, 200:400]   # 获取 ROI 区域:高度,宽度
gray_face = cv2. cvtColor(face, cv2. COLOR_BGR2GRAY)   # ROI 区域转换单通道
GRAY 图像
```

```
back_face = cv2. cvtColor( gray_face, cv2. COLOR_GRAY2BGR)   # 单通道 GRAY 图像
转换三通道 RGB 图像(三通道值相同)
img[200:400, 200:400] = back_face
cv2. namedWindow('image',cv2. WINDOW_NORMAL)
cv2. imshow("image",img)
cv2. waitKey(0)
cv2. destroyAllWindows()
```

效果如图 5-7 所示。

图 5-7

本页彩图

也可以使用 selectROI()函数通过交互的方式选取 ROI 区域。例如以下代码,通过交互方式获取 ROI 区域,并保存为新的图片。

```
img = cv2. imread("face. jpg")
# 调用交互式选择 roi
r = cv2. selectROI(img)
# 截取图片
roi = img[int(r[1]):int(r[1]+r[3]),int(r[0]):int(r[0]+r[2])]
# 显示并保存 ROI 区域
cv2. imshow("ROI", roi)
cv2. imwrite("roi. jpg", roi)
cv2. waitKey(0)
cv2. destroyAllWindows()
```

效果如图 5-8 所示。

图 5-8

本页彩图

5.4 图像的按位运算

1. 按位与运算

对图像进行按位与运算的函数是 cv2. bitwise_and( )，其规则如下：1&1＝1，1&0＝0，0&1＝0，0&0＝0。该函数各参数说明见表 5-7。

表 5-7

函　　数	说　　明
cv2. bitwise_and(	
src1,	src1：图像 1；
src2,	src2：图像 2；
dst,	dst：与输入数组具有相同大小和类型的输出数组；
mask)	mask：图像掩模，可选

对一张圆形图像和一张方形图像进行按位与运算，代码如下：

```
import numpy as np
import cv2
import matplotlib. pyplot as plt
rectangle = np. zeros((300,300),dtype = "uint8")
cv2. rectangle(rectangle,(25,25),(275,275),255,-1)
circle = np. zeros((300,300),dtype = "uint8")
cv2. circle(circle,(150,150),150,255,-1)
bitwiseAnd = cv2. bitwise_and(rectangle,circle)
plt. figure(figsize = (10,10))
plt. subplot(131);plt. imshow(rectangle, cmap='gray');plt. title("rectangle")
plt. subplot(132);plt. imshow(circle, cmap='gray');plt. title("circle")
plt. subplot(133);plt. imshow(bitwiseAnd, cmap='gray');plt. title("bitwiseAnd")
plt. show()
```

效果如图 5-9 所示。

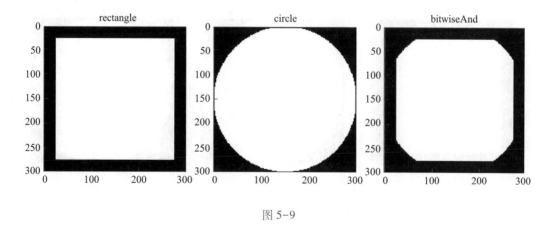

图 5-9

2. 按位或运算

对图像进行按位或运算的函数是 cv2. bitwise_or( )，其规则如下：1｜1 = 1，1｜0 = 1，0｜1 = 1，0｜0 = 0。该函数各参数说明见表 5-8。

表 5-8

函　　数	说　　明
cv2. bitwise_or(	
src1,	src1：图像 1；
src2,	src2：图像 2；
dst,	dst：与输入数组具有相同大小和类型的输出数组；
mask)	mask：图像掩模，可选

对一张圆形图像和一张方形图像进行按位或运算，代码如下：

```
bitwiseOr = cv2. bitwise_or( rectangle , circle)
plt. figure( figsize = ( 10,10) )
plt. subplot( 131) ;plt. imshow( rectangle , cmap ='gray') ;plt. title( " rectangle" )
plt. subplot( 132) ;plt. imshow( circle , cmap ='gray') ;plt. title( " circle" )
plt. subplot( 133) ;plt. imshow( bitwiseOr , cmap ='gray') ;plt. title( " bitwiseOr" )
```

效果如图 5-10 所示。

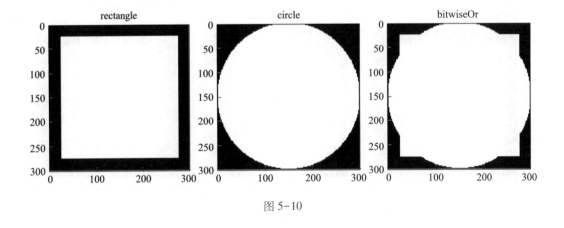

图 5-10

3. 按位非运算

对图像进行按位非运算的函数是 cv2. bitwise_not( )，其规则如下：~1 = 0，~0 = 1。该函数各参数说明见表 5-9。

表 5-9

函　　数	说　　明
cv2. bitwise_not(src1, dst, mask)	src1：图像 1； dst：与输入数组具有相同大小和类型的输出数组； mask：图像掩模，可选

对圆形图像进行非运算，代码如下：

```
bitwiseNot = cv2. bitwise_not( circle)
plt. figure( figsize = ( 10,10))
plt. subplot( 121); plt. imshow( circle, cmap = 'gray'); plt. title( "circle")
plt. subplot( 122); plt. imshow( bitwiseNot, cmap = 'gray'); plt. title( "bitwiseNot")
plt. show( )
```

效果如图 5-11 所示。

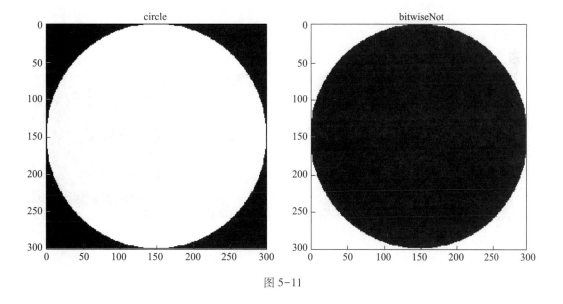

图 5-11

4. 异或运算

异或运算一般用于对图像进行加密和解密。可以使用函数 cv2. bitwise_xor( )来实现按位异或运算，其规则如下：1^0=1，1^1=0，0^1=1，0^0=0。该函数各参数说明见表 5-10。

表 5-10

函　　数	说　　明
cv2. bitwise_xor(	
src1,	src1：图像 1；
src2,	src2：图像 2；
dst,	dst：与输入数组具有相同大小和类型的输出数组；
mask)	mask：图像掩模，可选

对一张圆形图像和一张方形图像进行按位异或运算，代码如下：

```
bitwiseXor = cv2. bitwise_xor( rectangle, circle)
plt. figure( figsize = ( 10, 10) )
plt. subplot( 131) ; plt. imshow( rectangle, cmap='gray') ; plt. title( "rectangle" )
plt. subplot( 132) ; plt. imshow( circle, cmap='gray') ; plt. title( "circle" )
plt. subplot( 133) ; plt. imshow( bitwiseXor, cmap='gray') ; plt. title( "bitwiseXor" )
plt. show( )
```

效果如图 5-12 所示。

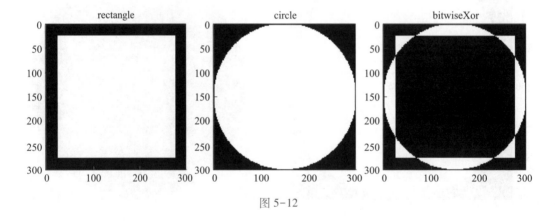

图 5-12

5. 加密和解密

通过对原始图像与密钥图像进行按位异或，可以实现加密，加密过程见表 5-11；将加密后的图像与密钥图像再进行按位异或，可以实现图像的解密，解密过程见表 5-12。

表 5-11

说　　明	二 进 制 位	十　制　位
明文	1101 1000	216
密钥	1011 0010	178
密文	0110 1010	106

表 5-12

说　　明	二 进 制 位	十　制　位
明文	0110 1010	106
密钥	1011 0010	178
密文	1101 1000	216

对图像进行异或操作，完成加密和解密的工作，并输出运算结果，代码如下：

```
image = cv2. imread( "cat. jpg" ,0)
w,h = image. shape
key = np. random. randint( 0 ,256 ,size = [ w,h ] ,dtype = np. uint8 )
encryption = cv2. bitwise_xor( image ,key )
decryption = cv2. bitwise_xor( encryption ,key )
plt. figure( figsize = ( 10 ,10 ) )
plt. subplot( 121 ) ;plt. imshow( encryption , cmap ='gray') ;plt. title( " encryption " )
plt. subplot( 122 ) ;plt. imshow( decryption , cmap ='gray') ;plt. title( " decryption " )
plt. show( )
```

图片加密和解密效果如图 5-13 所示。

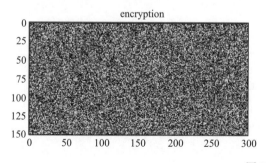

图 5-13

本页彩图

项目任务

任务 5-1　绘制图像掩模

任务描述

首先读取 npy 的掩模图像，进行处理后和原图合成，完成在原图上增加红色掩模的可视化效果。

任务实施

步骤 1：读取掩模图片和原图。

引入相关的包，包括 OpenCV、NumPy 和 Matplotlib，代码如下：

```
import numpy as np
import matplotlib. pyplot as plt
import cv2
```

使用 NumPy 包和 OpenCV 包读取 npy 格式的掩模文件和原图。使用 np. load( ) 函数提取 npy 文件，使用 cv2. imread( ) 函数读取 jpg 图片，代码如下：

```
#读取 npy 掩模文件和原图
mask = np. load('. /00000000. npy')
img = cv2. imread('. /00000000. jpg')
```

通过 Matplotlib 显示图像效果，注意原图需要转换成 RGB 颜色通道，代码如下：

```
plt. figure(figsize=(15,15))
#显示图像
img_rgb = cv2. cvtColor(img,cv2. COLOR_BGR2RGB)
plt. subplot(121),plt. imshow(img_rgb),plt. title("img")
plt. subplot(122),plt. imshow(mask, cmap="gray"),plt. title("mask")
```

显示原图和 npy 掩模文件，如图 5-14 所示。

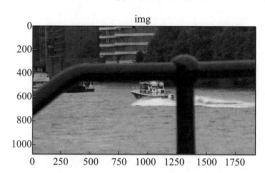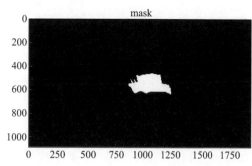

图 5-14　　　　　　　　　　　　　　　　本页彩图

步骤 2：准备红色掩模文件。

要在原图上实现红色掩模效果，需准备一个红色的掩模文件。

首先，创建一个和原图同样大小的红色图片。通过 np. zeros( ) 函数可以创建一个和原图一样的全 0 矩阵，注意数据类型是 uint8，代码如下：

```
#创建和原图相同大小的红色图片
red = np. zeros( img. shape,np. uint8)
```

因为 BGR 图像通道的顺序，设置每一像素点的值为[0,0,255]，则把图像改成了红色，代码如下：

```
red[ :,:,2] = 255
```

通过 Matplotlib 可以显示图像效果，代码如下：

```
#显示效果
red_rgb = cv2. cvtColor( red,cv2. COLOR_BGR2RGB)
plt. imshow( red_rgb)
```

对于 npy 读入的 mask，可以查看其形状，代码如下：

```
print( mask. shape,mask. dtype)
print( img. shape)
print( mask. min( ),mask. max( ))
```

输出结果如下：

（1080，1920）int32

（1080，1920，3）

0 1

可以看到 mask 是和原图一样大小，只包括 0 和 1 整型数的矩阵。这里 1 代表检测的
目标，0 代表背景。

因此，可以直接使用 mask 作为掩模，在红色图像中提取目标的部分。使用
cv2. bitwise_and（）函数，保留 mask 中数值为 1 的像素点为红色，其他部分是黑色背景，并
显示查看效果。代码如下：

```
#修改 mask 的数据类型
mask = mask. astype（np. uint8）
#获取红色掩模
red_mask = cv2. bitwise_and（red，red，mask＝mask）
red_mask_rgb = cv2. cvtColor（red_mask，cv2. COLOR_BGR2RGB）
plt. imshow（red_mask_rgb）
```

红色掩模效果如图 5-15 所示。

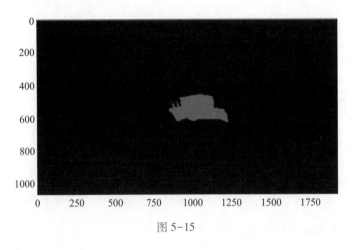

图 5-15

本页彩图

步骤 3：和原图合成。

获得红色掩模图形后，可以和原图进行加权合成，这里把每个权重都是 0.5，代码
如下：

```
#合成掩模图像和原图
masked = cv2.addWeighted(img,0.5,red_mask,0.5,0)
```

可以通过 Matplotlib 绘制查看效果，代码如下：

```
#显示查看结果
plt.figure(figsize=(15,15))
result = cv2.cvtColor(masked,cv2.COLOR_BGR2RGB)
plt.imshow(result)
```

可以看出，确实符合增加红色遮罩的预期效果，如图 5-16 所示。

图 5-16

本页彩图

任务 5-2　绘制目标检测框

任务描述

通常会需要同时显示图像分割和目标检测效果。在本项目中，目标检测的结果通过 TXT 格式文件展示，每一行是该图中检测的结果，包括名称、左上角坐标点（x,y）以及目标的宽度和高度。读取这个信息并在原图上通过矩形框和文字进行展示。

任务实施

步骤 1：读取目标框文件。

目标框文件是 TXT 格式，可以先查看一下，其中一行表示一个检测目标，分为对应标签（label）、x 坐标、y 坐标、宽度和高度，中间用逗号分隔。首先读取文件，代码如下：

```
f = open('./00000000.txt','r')
objs = f.readlines()
print(len(objs))
```

得到结果 ['boat,847,463,379,171']，可以看到当前文件只有一项，说明只有一个检测目标。

步骤 2：绘制框和文字。

解析每一行的结果，可以通过 split() 函数把每一行转换成数组，获取标签名称，坐标点转换成 int 类型，宽高也需要转换成 int 类型，并在任务 5-1 产生的图像上绘制目标矩形和标签文字。代码如下：

```
#针对每一行
for obj in objs:
    print(obj)
    #用逗号分隔的每个结果
    items = obj.split(',')
    #第 1 项是标签
    label = items[0]
    #第 2 项和第 3 项是 x、y 坐标点
    x = int(items[1])
    y = int(items[2])
    #第 4 项和第 5 项是宽度和高度
    w = int(items[3])
    h = int(items[4])
    print(x,y,w,h)
```

得到"847 463 379 171"，然后通过 Opencv 包的 rectangle( ) 函数在图像对应的位置上画红色矩形框。代码如下：

```
#绘制红色的目标框
    cv2. rectangle( masked,（x,y）,（x+w, y+h）,（0,0,255）,3)
```

通过 OpenCV 包的 putText( ) 函数，在矩形框的上方写上标签名称。代码如下：

```
#在左上角绘制标签
cv2. putText( masked,label,（x-5,y-5）,cv2. FONT_HERSHEY_PLAIN,3,（0,0,255）,3)
```

通过 Matplotlib 显示最终结果，代码如下：

```
plt. figure( figsize =（15,15））
result2 = cv2. cvtColor( masked,cv2. COLOR_BGR2RGB)
plt. imshow( result2)
```

显示结果如图 5-17 所示。

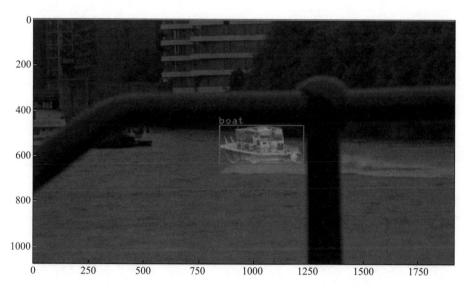

图 5-17

本页彩图

步骤 3：保存结果。

把绘制的结果通过 cv2. imwrite( ) 函数保存成文件，代码如下：

```
cv2. imwrite("result. png",masked)
```

可以看到产生了 result. png 图像文件，是包括了绘制结果的图像。

项目总结

通过本项目完成在图像上绘制文字和图形，并将图像处理结果可视化展示。

第三部分
视觉数据标注

项目6　图像标注

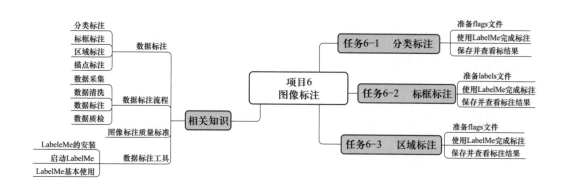

随着计算机视觉应用的不断发展，大量的图像数据应运而生，其中图像标注是人工智能与计算机视觉的重要一环。例如在自动驾驶领域，为了让汽车能够准确识别道路、行人以及各种障碍物，需要大量的道路、行人标注图像数据来进行模型训练。

通常在模型训练过程中，前期的数据准备、数据标注等任务往往占据很长一部分时间。因此，市面上已经涌现出许多数据标注服务和工具来满足该市场的需求，以解放劳动力。

学习目标

1. 能够简述图像标注的流程与不同任务类型的要求。

2. 能够使用标注工具，完成分类标注、标框标注、区域标注、描点标注等任务。

相关知识 🔍

数据标注有很多种类型，要根据业务需求选择合适的标注类型。以下介绍各种数据标注的方法、标注流程、标注质量以及标注工具。

6.1　数据标注

数据标注，就是将计算机需要学习的大量原始数据，经过人工按指定规则进行数据结构化的处理，最终形成对应算法模型所需要的计算机可识别的数据。常见的图像数据标注形式包含分类标注、标框标注（使用圆形、长方形、三角形、梯形、菱形、多边形等几何图形）、区域标注（使用多边形进行像素分割）、描点标注（标注位置）等。

微课 6-1
数据标注

1. 分类标注

分类标注是最基本的标注方式，就是常见的"打标签"，一般是从既定的标签（封闭集合）中选择数据对应的标签，通常使用在文本、图像、语音、视频等类型文件的数据标注中。

图像分类标注是指根据业务的需求，将图片按照不同类别进行分类，设置不同的分类标签。针对不同的场景和项目，对图片的分类方式也有所不同，可以根据主要物体进行单一分类，也可以对图像提供多个分类。如图 6-1 所示的车型识别应用就是根据图中的车型进行单一分类的结果。

2. 标框标注

标框标注就是框选图像中要检测的对象，也就是标出图片中感兴趣的目标，如图像中的人、汽车、建筑物等。通常用最小外接矩形框出图中所给类别的物体，一个框只能标一个物体，不可重复标注同一个物体。如图 6-2 所示的人脸检测应用就是在框处识别出人脸部分，包括鼻子、眼睛、嘴，但不包括耳朵。

3. 区域标注

因为物体的边缘可以是柔性的，因此相比于标框标注，对图像的区域标注要求更加精确，更加关注如何将图像分割成属于不同语义类别的区域，而这些区域的标注和预测都是像素级的。通常用多边形贴合物体的轮廓，从而针对图像进行像素分类。如图 6-3 所示的人像分割应用就是将人体轮廓与图像背景进行分离，标注时就需要使用区域标注将人体与背景标识出来。

图 6-1

图 6-2

本页彩图

4. 描点标注

　　人脸识别、骨骼识别等一些对于特征要求细致的应用中，常常需要对图像进行描点标注。如图 6-4 所示就是人体关键点识别应用，可以定位人体核心关键点，包含头顶、五官、颈部、四肢主要关节部位，标注时就需要使用描点标注将人脸关键点以及人体骨骼关键点都标识出来。

图 6-3

本页彩图

图 6-4

微课 6-2
数据标注流程

6.2　数据标注流程

数据标注的质量直接关系到模型训练的优劣程度，因此要为数据标注制定一套标注流程以控制标注质量。常规的数据标注流程包括数据采集、数据清洗、数据标注、数据质检等环节。

1. 数据采集

数据采集和获取是整个数据标注流程的首要环节。这些数据的获取方式，可以是通过下载政府、科研机构、企业开放的公开数据集，或者编写网络爬虫，收集互联网上的多种数据，也可以是企业内部采集、直接用采集设备获取数据。

2. 数据清洗

获取后的数据，并不是每一条都能够直接使用。有些数据是不完整、不一致、有噪声的"脏"数据，需要通过数据预处理后，才能真正使用。特别是从网络上爬取的数据或者监控的数据，需要去掉重复的、无关的内容，最大限度地纠正数据的不一致性和不完整性，并将数据统一成适合标注的标准格式，才能够帮助完成精准的数据模型和算法实现。

3. 数据标注

数据经过清洗之后才可以进入数据标注的核心环节。一般在正式标注前，需要算法工程师给出标注样板，并为具体标注人员详细阐述标注需求和标注规则，经过充分讨论和沟通，以保证最终数据输出的方式、格式和质量一步到位，这也被称为试标过程。试标后，标注工程师需要参照制定的要求，完成分类、标框、描点或区域标注等操作。

4. 数据质检

无论是数据采集、数据清洗还是数据标注，通过人工处理数据的方式并不能保证完全正确。为了提高数据的准确率，数据质检成为最重要的一环，而最终通过质检环节的数据才算是完全过关。对于具体质检而言，可以采用抽查或者排查的方式。质检时，一般设有多名专职的质检员，对数据质量进行层层把关，如果发现提交的数据不合格，会交由数据标注人员进行返工，直到最终通过审核为止。

6.3　图像标注质量标准

微课 6-3
图像标注质量
标准

标注的数据主要是给机器学习算法进行训练，而机器学习算法的训练效果很大程度上依赖高质量的数据集。如果训练中所使用的标注数据存在大量噪声，也就是不准确，将会导致机器学习训练不充分，或者出现偏差，影响效果。因此，所谓数据标注质量的高低，取决于基于算法的机器识别的好坏，识别越精准，说明标注的质量越好。但是针对不同的图像标注类型，也有不同的检验方法。

① 对于标框标注，首先需要对标注物最边缘像素点进行判断，然后检验标框的四周边框是否与标注物最边缘像素点误差在 1 像素以内。

②区域标注质量检验需要对每一个边缘像素点进行检验，区域标注像素点与边缘像素点的误差在 1 像素以内。区域标注需要特别注意检验转折拐角。

③其他图像标注的质量标准需要结合实际的算法制定，所以质量检验人员一定要理解算法的标注要求。

对于图像类的标注，因为机器学习训练图像识别是根据像素点进行的，所以对于图像标注的质量标准也是根据像素点判定。由于原始图像质量的原因，标注物的边缘可能存在一定数量和实际边缘像素点灰度相似的像素点，这些像素点会对标注产生一定干扰。如果按照 100% 准确度的图像标注要求，标注像素点和标注物的边缘像素点存在 1 像素以内的误差。当然，不是所有的标注都要求 100% 的准确度，根据不同的应用场景，对标注的准确度有不同的要求。通常在医疗影像、工业质检场景下，对标注的准确度要求较高，而人脸识别等其他偏娱乐性质的应用场景对标注的准确度要求较低一些。

6.4 数据标注工具

微课 6-4
数据标注工具

因为数据标注往往费时费力，通常需要借助于第三方公司完成，因此对标注流程的管理、标注质量的规范审核以及标注结果的规范化输出都有切实的要求。在业界，各大互联网及人工智能公司通常都有自己的标注平台和工具，能够规范化地完成数据标注流程，并助力与提升标注效率和标注质量。同时，很多 AI 开放平台也提供了标注工具，开放标注能力给 AI 开发者。例如，百度 EasyDL 产品中就自带了标注工具，并提供了智能标注的方法。

当然，在计算机视觉研究领域，也有很多优秀的开源标注工具，包括 CVAT（OpenCV 出品）、VoTT（微软开发）、IAT、labelImg、Yolo_mark、LabelMe 等，都可以适用于分类、标框、区域以及描点等标注任务。在本书中将使用 LabelMe 完成各项标注的任务。以下将介绍 LabelMe 工具的安装和基本使用。

1. LabelMe 的安装

LabelMe 使用 Python 语言开发，并使用 Qt 作为图形界面，是常用的开源标注工具，可以在 GitHub 官网中获得。它支持在 Ubuntu、macOS、Windows 等各系统中安装，也可以在 Anaconda 和 Docker 环境中安装。

在 Anaconda 环境中安装，命令如下：

```
conda create --name=LabelMe python=3.6
activate LabelMe
conda install pyqt
pip install LabelMe
conda activate LabelMe
```

2. 启动 LabelMe

使用 labelme 命令就可以启动 LabelMe。如图 6-5 所示为 LabelMe 的标注界面。

图 6-5

labelme 命令常用参数如下。

--flags：用于指定分类标志名称，可以是用逗号分隔的分类标志列，也可以是包含分类标志的 TXT 文件。

--labels：用于指定标签名称，可以是用逗号分隔的标签列，也可以是包含标签的 TXT 文件。

--nodata：说明在标注文件中不需要增加图像的部分，也就是不保存图像到 JSON 文件，如果不设置该参数，默认在生成的 JSON 文件中会保存图片的 MD5 编码。

--autosave：说明每次标注完成一张图片进入下一张的时候，系统不提醒是否保存，而是直接自动保存相应的 JSON 标注文件。

也可以使用 labelme --help 命令查看更多的参数使用说明。

3. LabelMe 基本使用

如图 6-5 所示，LabelMe 的界面包括顶部的菜单栏、左侧包括操作选项栏，中间是图片区域，右侧显示的有 flags 文件列表、标签名称列表、多边形标注以及图片文件列表。

顶部菜单栏包括文件、编辑、视图、帮助，左侧操作选项栏中包含打开文件、打开目录、下一张、上一张、保存、创建多边形、编辑多边形、复制、删除、撤销操作、图片放大等。

根据不同的标注任务要求，可以打开要标注的文件或者目录，然后进行分类、多边形框或者是描点等标注操作。

项目任务

任务 6-1　分类标注——花卉分类标注

任务描述

花卉分类是一个典型的分类问题。从网络上下载了一系列的花卉图像，需要通过标注工具进行标注，为进一步的模型训练做准备。从中取了一小部分数据集，包括荷花，梅花，牡丹，蔷薇和樱花 5 种花卉，每种 10 张左右。

任务实施

步骤 1：准备 flags 文件。

通过 LabelMe 进行标注之前，需要准备一个类别的说明文件，通常命名为 flags.txt，这里说明本次标注的所有类别，常规的做法在第 1 行会使用__ignore__类别，说明如果标注物超出范围的时候，归为此类别。

在本任务中，需要写入标注的 5 个花卉分类和默认的__ignore__类别。flags.txt 文件内容如下：

```
__ignore__
荷花
梅花
牡丹
蔷薇
樱花
```

步骤 2：启动 LabelMe。

把步骤 1 中准备好的 flags.txt 文件和数据集 flowers 目录放在一个项目目录下，然后在该项目目录下启动 LabelMe。可以使用以下命令打开 LabelMe：

```
labelme flowers --flags flags.txt --nodata --autosave
```

其中 flowers 说明是打开这个目录，--flags flags.txt 说明使用这个文件作为预置类别的模板。

步骤 3：完成标注。

LabelMe 启动后打开 flowers 目录下的第 1 张图片，在 Flags 列表框中可以看到在 flags.txt 中预置的类别，选择"梅花"选项，完成此张图片的标注，如图 6-6 所示。

图 6-6

单击左侧的 Next Image 按钮，系统会自动把当前的标注结果写入对应的 JSON 文件。然后打开第 2 张图片，继续类似刚才的操作，完成所有的图像类别标注。也可以单击 Prev Image 按钮，查看前面标注过的图片是否漏标或者存在错误。全部完成后，可以直接关闭。

步骤 4：保存并查看标注结果。

标注完成后，查看 flowers 目录，可以看到每张图片都多了一个同样命名的 JSON 文件，这就是对应的标注文件，记录了所有的标注结果。打开其中一个 JSON 文件，如 1185.json，文件内容如下：

```
{
    "version" : "4.2.9",
    "flags" : {
        "__ignore__" : false,
        "荷花" : false,
        "梅花" : true,
        "牡丹" : false,
        "蔷薇" : false,
        "樱花" : false
    },
    "shapes" : [],
    "imagePath" : "1185.jpg",
    "imageData" : null,
    "imageHeight" : 1062,
    "imageWidth" : 1590
}
```

可以看到在 flags 对象中，记录了标注的图片类别，结果是通过 boolean 类型表示的。当然，标注文件还有其他的图片属性，包括文件名称和图像的宽度、高度。如果没有使用 --nodata 参数，则 imageData 对象中还会包括图片的 MD5 编码。

任务 6-2　标框标注——人体识别标注

任务描述

本任务针对某商场的监控摄像头采集的图像，对其中的人体进行识别标注。通过这些对人体进行标注过的数据，可以帮助机器学习模型完成训练从而自动进行人体检测，可以实现许多应用，包括人流量统计、购物行为分析、安全检测等。

任务实施

步骤 1：准备 labels 文件。

通过 LabelMe 进行标注之前，需要准备一个目标检测物体的预置文件，通常命名为 labels. txt。这里预先设置好标注物体的名称，在本任务中使用 PEOPLE。和 flags. txt 类似，需要保持第 1 行增加__ignore__（注意前后两个下画线），第 2 行增加_background_（注意前后各一个下画线），作为后续分割任务的忽略类型和背景类型。本任务的 labels. txt 文件的内容参考如下：

```
__ignore__
_background_
 PEOPLE
```

步骤 2：启动 LabelMe。

同样，把步骤 1 中准备好的 labels. txt 文件和数据集 data 目录放在一个项目目录下，然后在该项目目录下启动 LabelMe。可以使用以下命令打开 LabelMe：

```
labelme data -labels labels. txt   --nodata   --autosave
```

其中 data 说明是打开该目录，--labels labels. txt 说明使用这个文件作为预置的标签文件。

步骤 3：完成标注。

LabelMe 会打开 data 目录下的第 1 张图片，右击鼠标，在弹出的快捷菜单中选择 Create Rectangle 命令，创建矩形框，如图 6-7 所示。

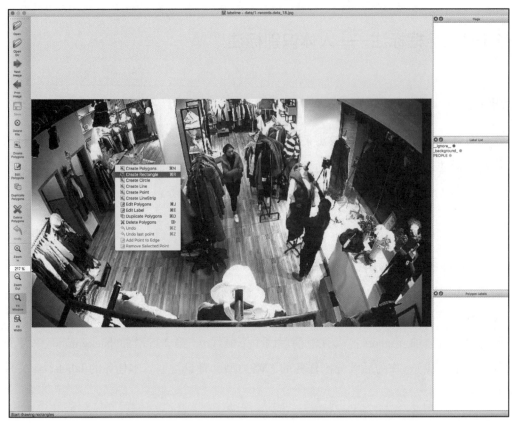

图 6-7

本页彩图

　　然后紧贴着图像中的人体进行框选，保证人体的部分都在矩形框内。框选完成后，会弹出菜单，根据预置的标签选择目标名称，这里选择 PEOPLE，完成人体的标注，如图 6-8 所示。

　　如果发现框选的不合适，可以单击 Edit Polygons 按钮，然后拖动矩形框的边角，完成调整。把当前图像中的所有人体都进行标注后，可以放大图像检查细节，注意不要漏标或者错标。

　　单击 Next Image 按钮，会打开下一张图片，使用同样的方法进行标注，依此类推，完成对所有图像的标注工作后，可以关闭 LabelMe。

　　步骤 4：保存并查看标注结果。

　　标注完成后，查看 data 目录，可以看到每张图片都多了一个同样命名的 JSON 文件，这就是对应的标注文件，记录了所有的标注结果。打开其中一个的 JSON 文件，如 1-records. data_3. json，文件内容如下：

图 6-8

```
{
    "version" : "4. 2. 9",
    "flags" : {},
    "shapes" : [
        {
            "label" : "PEOPLE",
            "points" : [
                [
                    301. 6178010471204,
                    68. 45549738219893
                ],
```

```
            [
                344. 5497382198953,
                167. 40837696335075
            ]
        ],
        "group_id": null,
        "shape_type": "rectangle",
        "flags": {}
    },
    …
    "imagePath": "1-records. data_3. jpg",
    "imageData": null,
    "imageHeight": 352,
    "imageWidth": 640
}
```

所有的标注信息都保存在 JSON 文件中，可以看到在 shapes 对象中，记录了标注的矩形框的数组。每个数组中包括：labels，标签值为 PEOPLE；points，包括标注的矩形的左上角和右下角的坐标的 x、y 值；shape_type，表示框选的类型是矩形（rectangle）。

任务 6-3　区域标注——人脸标注

任务描述

面部标注技术在识别、分析、追踪等领域都有重要的作用。本任务针对人脸数据集，需要标注出人的眉毛、眼睛和嘴巴区域，可以用于后续模型训练。

任务实施

步骤 1：准备 flags 文件。

通过 LabelMe 进行标注之前，需要准备一个语义分割中目标类别的标签文件，通常命名为 labels. txt。这里预先设置好标注物体的名称，在当前任务中使用 EYEBROW、MOUTH、EYES。同样，要在第 1 行和第 2 行增加默认的__ignore__和_background_。文件内容如下：

```
__ignore__
_background_
EYEBROW
EYE
MOUTH
```

步骤 2：启动 LabelMe。

把步骤 1 中准备好的 labels. txt 文件和数据集 data 目录放在一个项目目录下，然后在该项目目录下启动 LabelMe。可以使用以下命令打开 LabelMe：

```
labelme data  --labels labels. txt  --nodata --autosave
```

步骤 3：完成标注。

LabelMe 会打开 data 目录下的第 1 张图片，右击鼠标，在弹出的快捷菜单中选择 Create Polygons 命令，创建多边形框，然后再对不同的部位进行打点勾画，返回到起始点时，会放大提示。框选完成后，会弹出菜单，根据预置的标签选择目标名称，这里根据实际情况选择 MOUTH 或者 EYE 和 EYEBROW，完成具体五官的标注，如图 6-9 所示。

如果发现框选的内容不合适，可以单击 Edit Polygons 按钮，然后拖动某个点，完成细节调整。因为多边形比较复杂，最好放大图像，便于更加精确地标注。

单击 Next Image 按钮，打开下一张图片，对其采用同样的方法进行标注，依此类推，完成对所有图像的标注工作后，可以关闭 LabelMe。

步骤 4：保存并查看标注结果。

标注完成后，查看 data 目录，可以看到每张图片都多了一个同样命名的 JSON 文件，这就是对应的标注文件，记录了所有的标注结果。打开其中一个 JSON 文件，如 1629243_1. json，文件内容如下：

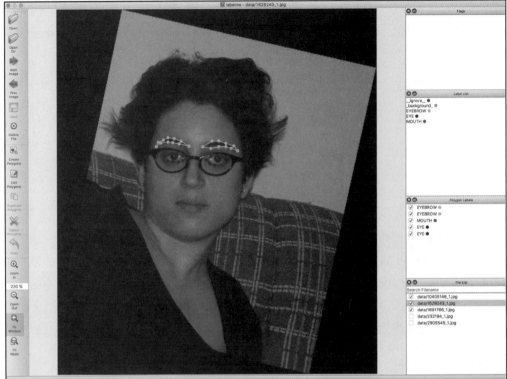

图 6-9

本页彩图

```
    {
      "version": "4. 2. 9",
      "flags": {},
      "shapes": [
        {
          "label": "EYEBROW",
          "points": [
            [
              200. 56521739130432,
              182. 4782608695652
            ],
            [
              213. 60869565217388,
```

```
                    175.0869565217391
                ],
                [
                    223.17391304347825,
                    174.65217391304347
                ],
                [
                    233.17391304347825,
                    178.1304347826087
                ],
            …
                "group_id": null,
                "shape_type": "polygon",
                "flags": {}
            },
        …
        "imagePath": "1629243_1.jpg",
        "imageData": null,
        "imageHeight": 484,
        "imageWidth": 438
    }
```

　　所有的标注信息都保存在 JSON 文件中，可以看到在 shapes 对象中，记录了标注的多边形框的数组。每个数组中包括：labels，标签值为 EYEBROW 等；points，包括标注的多边形的每个坐标点的 x、y 值；shape_type，表示框选的类型是多边形（polygon）。

项目总结

　　本项目使用 LabelMe 工具完成花卉分类标注、人体识别标注、人脸标注等不同任务类型的标注工作，并查看了不同的标注结果。可以尝试更多的图片数据集，完成不同标注类型的练习。

项目7 视频标注

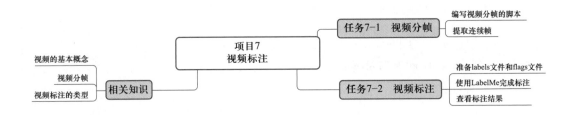

相关知识
- 视频的基本概念
- 视频分帧
- 视频标注的类型

项目7
视频标注

任务7-1 视频分帧
- 编写视频分帧的脚本
- 提取连续帧

任务7-2 视频标注
- 准备labels文件和flags文件
- 使用LabelMe完成标注
- 查看标注结果

学习情境

视觉数据除了静态图像，还包括大量视频，如监控录像、行车记录、新闻节目、网络视频等。机器学习算法同样需要对视频进行异常行为检测、目标追踪、行为分析、视频主题归类等。这些任务都需要首先完成视频数据集的标注工作。本项目中将对 boat.mp4 视频中的船进行目标追踪，然后在每一帧中框选出船体。

学习目标

1. 理解视频连续分帧的含义以及视频标注的主要类别和要求。
2. 能够使用工具完成视频分帧的任务。
3. 能够使用工具完成视频连续帧标注。

相关知识

视频标注通常要对视频进行分帧操作，然后对分帧后的图像再进行标注。以下介绍视频分帧的概念以及视频标注的类型。

7.1　视频的基本概念

人眼具有一种视觉暂留的生理现象，即人观察的物体消失后，物体映像在人眼的视网膜上会保留一个非常短暂的时间，大概 0.1~0.4 秒。利用这一现象，将一系列画面中的物体移动，以足够快的速度连续播放，人就会感觉画面变成了连续活动的场景。视频就是利用视觉暂留的原理，通过播放一系列的图片，使人产生观看连续运动画面的感觉。

视频技术就是泛指将一系列静态影像以电信号的方式加以捕捉、记录、处理、存储、传送与重现的多种技术的总称。图像是视频的最小和最基本单元。

7.2　视频分帧

微课 7-1
视频分帧及
标注类型

连续的图像变化当每秒超过 24 帧画面时，根据视觉暂留原理，人眼是无法辨别其中的单幅静态画面的，因此整体看上去就是平滑连续的动画效果，这样连续的画面就叫作视频。视频分帧就是把视频中每一幅图像重新按照图像的方式导出。

视频分帧有很多种工具，既可以通过脚本完成，也可以使用 LabelMe 提供的脚本工具。

7.3　视频标注的类型

对视频进行标注包含视频分类标注以及连续帧标注。其中，视频分类标注是通过观看视频片段对视频按主题进行分类，这个和图像的分类标注并没有太大不同；视频连续帧标注是对视频进行分帧，再对每一帧的图像进行目标检测，完成目标的跟踪。因此，通常可以采用先分帧的方式，再通过图像标注的方式完成视频连续帧标注。

项目任务

任务 7-1 视频标注准备——视频分帧

任务描述

目标跟踪就是在连续的视频帧中定位某一个物体。为了解决这类问题，通常需要对视频进行标注。在本任务中，首先需要对视频 boat. mp4 进行分帧，并生成连续帧的子目录。

任务实施

步骤 1：编写视频分帧的脚本。

视频标注前需要对视频文件进行分帧提取，在本任务中使用 LabelMe 推荐的视频分帧工具 video_to_images。首先下载该工具，并安装一些需要的库，命令如下：

```
# Download and install software for converting a video file（MP4）to images
wget https://raw. githubusercontent. com/wkentaro/dotfiles/
f3c5ad1f47834818d4f123c36ed59a5943709518/local/bin/video_to_images
pip install imageio imageio-ffmpeg tqdm
```

将下载的脚本和视频文件 boat. mp4 复制到同一个目录下。

步骤 2：提取连续帧。

直接使用如下脚本命令，就可以顺利完成图像分帧：

```
python video_to_images boat. mp4
```

可以看到在当前目录会生成子目录 boat，里面保存了视频的连续帧，并以 00000001. jpg、00000002. jpg 的方式命名并保存。

任务 7-2　视频标注

任务描述

本任务将对分帧后的连续帧进行标注。可以通过框选船体的方式完成每一帧中船的检测，同时为每一个检测的目标增加一个标签，标注船体是否有遮挡（obstructed），也可以通过不同的 flags 完成对视频帧有无遮挡的分类。

任务实施

步骤 1：准备 labels 文件和 flags 文件。

通过 LabelMe 进行标注之前，需要准备一个目标检测物体的预置文件，通常命名为 labels.txt，在本任务中使用 boat。类似的，需要保证第 1 行增加 __ignore__（注意前后两个下画线），第 2 行增加 _background_（注意前后各一个下画线），作为后续分割任务的忽略类型和背景类型。

本任务的 labels.txt 文件的内容参考如下：

```
__ignore__
_background_
boat
```

创建一个 flags 文件，写入两个分类 obstructed 和 unobstrcted。文件内容如下：

```
__ignore__
obstructed
unobstrcted
```

步骤 2：启动 LabelMe。

把步骤 1 中准备好的 labels.txt 文件，以及分帧后的 boat 目录放在同一个项目目录下，然后调用如下命令启动 LabelMe：

```
labelme boat  --labels labels.txt --labelflags '{.*:[occluded, truncated]}' --nodata
--keep-prev --autosave
```

这里有两个新的参数，一个是--labelflags，为每一个标注的物体增加属性说明，这里使用 JSON 格式，表示 occluded（完整的）、truncated（截断的）。如果框选的目标有遮挡，则添加 truncated 属性，否则就选择 occluded 属性。另一个参数是--keep-prev，表示在进入下一张图像标注的时候，保留上一张图像的标注结果，因为在连续帧中，目标变换不大，通过这种设置可以提高标注效率。

步骤 3：完成标注。

LabelMe 会打开 boat 目录下的第 1 张图片，右击鼠标，在弹出的快捷菜单中选择 Create Rectangle 命令创建矩形框，然后紧贴着船体进行框选。框选完成后，会弹出菜单，这里选择"boat"选项，同时可以看到当前帧中船体有一部分被栏杆遮挡了，可以在标签属性中选取 truncated，如图 7-1 所示。

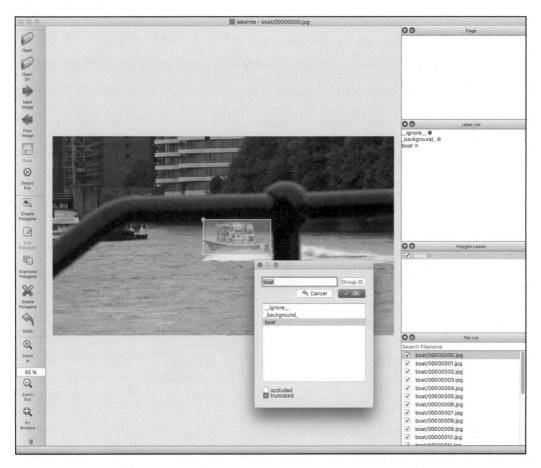

图 7-1

单击 Next Image 按钮，对下一帧图像进行类似的标注，因为设置了保持上一次的标注信息，因此只需要根据目标的迁移，适当移动矩形框或进行局部调整就可以了，这样能提高标注的效率。

步骤 4：查看标注结果。

标注完成后查看 boat 目录，可以看到每张图片都多了一个同样命名的 JSON 文件，这就是对应的标注文件，记录了所有的标注结果。

打开其中一个 JSON 文件，如 00000000. json，文件内容如下：

```
{
  "version": "4. 2. 9",
  "flags": {},
  "shapes": [
    {
      "label": "boat",
      "points": [
        [
          853. 5652173913043,
          452. 086956521739
        ],
        [
          1229. 6521739130435,
          641. 2173913043478
        ]
      ],
      "group_id": null,
      "shape_type": "rectangle",
      "flags": {
        "occluded": false,
        "truncated": true
      }
    }
  ],
  "imagePath": "00000000. jpg",
```

```
      "imageData" : null ,
      "imageHeight" : 1080 ,
      "imageWidth" : 1920
    }
```

　　类似项目 6，可以看到在 shapes 对象中记录了标注的矩形框的数组，同时在其 flags 字段中还增加了 truncated 标签属性，标注了当前物体被截断的属性。

项目总结

　　在本项目中，首先使用视频分帧工具 video_to_images 完成视频分帧，再使用 LabelMe 完成对每一个连续的视频帧标注工作。可以尝试更多的视频数据完成标注练习。

项目8　标注文件格式转换

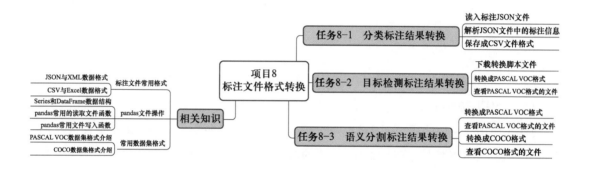

读入标注JSON文件

任务8-1　分类标注结果转换 ── 解析JSON文件中的标注信息

保存成CSV文件格式

下载转换脚本文件

任务8-2　目标检测标注结果转换 ── 转换成PASCAL VOC格式

查看PASCAL VOC格式的文件

转换成PASCAL VOC格式

查看PASCAL VOC格式的文件

任务8-3　语义分割标注结果转换 ── 转换成COCO格式

查看COCO格式的文件

JSON与XML数据格式

CSV与Excel数据格式 ── 标注文件常用格式

Series和DataFrame数据结构

pandas常用的读取文件函数 ── pandas文件操作 ── 相关知识 ── 项目8 标注文件格式转换

pandas常用文件写入函数

PASCAL VOC数据集格式介绍 ── 常用数据集格式

COCO数据集格式介绍

学习情境

　　标注结果可以有很多种表示方式，经常需要将其调整到和常用数据集相同的格式，这样在调用预训练模型的时候，就可以减少很多调整数据格式的工作。

学习目标

1. 了解常见数据集 VOC、COCO 的数据集格式。
2. 能够使用工具完成标注数据的格式转换。
3. 能够编写简单的脚本完成标注文件格式转换。

相关知识

PASCAL VOC 数据集的标注信息是用 XML 文件组织的，而 COCO 数据集的标注信息使用 JSON 文件存储。通过 LabelMe 标注的结果数据需要转换成 CSV 格式，或者 VOC、COCO 格式，才能进行训练。下面将介绍标注文件常用格式 JSON、XML、CSV 和 Excel，pandas 文件操作，以及 VOC、COCO 数据集。

8.1　标注文件常用格式

微课 8-1
标注文件
常用格式

1. JSON 与 XML

JSON 和 XML 都是文本格式语言，它们经常用于数据交换和网络传输。

（1）JSON 数据格式

JSON 使用有类型的键值对 key：value 来表达信息的组织形式，适合程序直接使用。Python 提供了 JSON 库用来解析 JSON 格式的对象。

可以使用 loads( ) 函数和 load( ) 函数将 JSON 转换成字典，两者的区别在于 loads( ) 函数传的是字符串，而 load( ) 函数传的是文件对象，参考代码如下：

```
import json
f = open('test. json',encoding='utf-8')
content = f. read( ) #使用 loads( )函数需要先读文件
user_dic = json. loads( content)
print("使用 loads( )函数,打印字典:\n",user_dic)
print("打印类型:\n",type( user_dic) )
print("打印字典的所有 key:\n",user_dic. keys( ) )
f = open('test. json',encoding="utf-8" )
user_dic = json. load( f)
print("使用 load( )函数,打印字典:\n",user_dic)
```

输出结果如下：

使用 loads( )函数,打印字典:

{'log_id': 327863200205075661, 'result_num': 1, 'results': [{'score': 0.967344,

'classes': 'Russian Blue', 'box': [[155, 53], [328, 331]]}]}

打印类型:

<class 'dict'>

打印字典的所有 key:

dict_keys(['log_id', 'result_num', 'results'])

使用 load( )函数,打印字典:

{'log_id': 327863200205075661, 'result_num': 1, 'results': [{'score': 0.967344,

'classes': 'Russian Blue', 'box': [[155, 53], [328, 331]]}]}

将字典转换成 json 串,可以使用 dumps( )函数和 dump( )函数。通常如果把字典写到文件里面的时候,dump( )函数更好用;但是如果不需要操作文件,或需要把内容存储到数据库和 Excel 文件,则需要使用 dumps( )函数先把字典转换成字符串,再写入。参考代码如下:

```python
json_str = {'log_id': 327863200205075661, 'result_num': 1, 'results': [{'score':
0.967344, 'classes': 'Russian Blue', 'box': [[155, 53], [328, 331]]}]}
res2 = json.dumps(json_str)    #先把字典转成 json 串
print(res2)
print(type(res2))
with open('test_json2.txt','w',encoding='utf-8') as f: #打开文件
    f.write(res2)   #在文件里写入转成的 json 串
f = open('test_json2.json','w',encoding='utf-8')
json.dump(json_str,f,indent=4,ensure_ascii=False)
f.close()
```

可以直接打开 test_json2.txt 和 test_json2.json 文件查看程序执行结果。

(2) XML 数据格式

XML 文档具有良好的结构,所有元素都有结束标签、根元素等,类似 HTML 文档。Python 提供了丰富的库来解析 XML 文档,如第三方库(BeautifulSoup 库)和标准库(XML 库)进行解析。

2. CSV 与 Excel

CSV 与 Excel 格式文件都被用来存放结构化数据。其中，CSV（Comma-Separated Values，逗号分隔值）有时也称为字符分隔值，因为分隔字符也可以不是逗号，其文件以纯文本形式存储表格数据（数字和文本）。Excel 并不是纯文本，其包含很多格式信息在里面，所以 CSV 文件的体积会更小，其创建分发读取更加方便。

8.2　pandas 文件操作

微课 8-2
pandas 文件
操作

pandas 是基于 NumPy 的一种工具，该工具提供了大量能快速便捷地处理数据的函数和方法。它是使 Python 成为强大而高效的数据分析环境的重要因素之一。

1. Series 和 DataFrame 数据结构

使用 pandas 库，首先要熟悉它的两个主要数据结构，分别是 Series 和 DataFrame。它们为大多数应用提供了一种可靠的、易于使用的基础。

（1）Seriesd 类型

Series 是一维标记数组，可以存储任意数据类型，如整型、字符串、浮点型和 Python 对象等，轴标一般指索引。

Series 不同于 Python 基本数据结构 List。List 中的元素可以是不同的数据类型，而 Array 和 Series 中则只允许存储相同的数据类型，这样可以更有效地使用内存，提高运算效率。

Series 类似 NumPy 中的一维 Array，主要区别在于 Series 类型可以有 index 名称，可根据该名称来操作数据。通过 Series(list, index = None) 函数直接创建数组，若 index 参数不指定，则默认从 0 开始填充，参考代码如下：

```
from pandas import Series, DataFrame
import pandas as pd
obj = Series([2, 8, -5, 6, 7])
print(obj)
```

输出结果如下：

```
0     2
1     8
2    -5
3     6
4     7
dtype：int64
```

（2）DataFrame 类型

Series 是一维标记数组，DataFrame 则是二维标记数据结构，列可以是不同的数据类型。可以把 DataFrame 想象成一个电子表格，它由行名（index）、列名（columns）和数据（values）组成。

DataFrame 可以通过字典或者列表来创建，参考代码如下：

```python
from pandas import Series,DataFrame
import pandas as pd
data = {'column_a'：['ab', 'cd', 'ef', 'hi', 'jk'],'column_b'：[23, 43, 54, 32, 62],'column_c'：[1.4, 1.9, 3.2, 4.4, 5.6]}
frame = DataFrame(data)
print(frame)
```

输出结果如下：

```
   column_a   column_b   column_c
0     ab        23         1.4
1     cd        43         1.9
2     ef        54         3.2
3     hi        32         4.4
4     jk        62         5.6
```

2. pandas 常用的读取文件函数

（1）常用读取文件函数

read_table()和 read_csv()是 pandas 常用的读取文件函数，分别用来读取 Excel 和 CSV

文件数据。read_table( )函数读取数据默认分隔符为制表符（\t），read_csv( )函数默认分隔符为逗号（,）。

（2）read_table( )和 read_csv( )函数常用参数

read_table( )和 read_csv( )函数各参数说明见表 8-1。

表 8-1

参　数	说　明
path	表示文件系统位置、URL、文件型对象的字符串
sep 或 delimiter	用于对行中各字段进行拆分的字符序列或正则表达式
header	用作列名的行号，默认为 0（第 1 行），如果文件没有标题行就将 header 参数设置为 None
index_col	用作行索引的列编号或列名，可以是单个名称/数字或有多个名称/数字组成的列表（层次化索引）
names	用于结果的列名列表，结合 header＝None，可以通过 names 来设置标题行
skiprows	需要忽略的行数（从 0 开始），设置的行数将不会进行读取
na_values	设置需要将值替换成 NA 的值
comment	用于注释信息从行尾拆分出去的字符（一个或多个）
parse_dates	尝试将数据解析为日期，默认为 False，如果为 True，则尝试解析所有列。除此之外，参数可以指定需要解析的一组列号或列名。如果列表的元素为列表或元组，就会将多个列组合到一起再进行日期解析工作
keep_date_col	如果连接多列解析日期，则保持参与连接的列，默认为 False
converters	由列号/列名跟函数之间的映射关系组成的字典，如{"age:",f}会对列索引为 age 列的所有值应用函数 f
dayfirst	当解析有歧义的日期时，将其看作国际格式（例如，7/6/2012 ---> June 7, 2012），默认为 False

续表

参　　数	说　　明
date_parser	用于解析日期的函数
nrows	需要读取的行数
iterator	返回一个 TextParser 以便逐块读取文件
chunksize	文件块的大小（用于迭代）
skip_footer	需要忽略的行数（从文件末尾开始计算）
verbose	打印各种解析器输出信息，如"非数值列中的缺失值的数量"等
encoding	用于 Unicode 的文本编码格式，如 UTF-8 或 GBK 等文本的编码格式
squeeze	如果数据经过解析之后只有一列的时候，返回 Series
thousands	千分位分隔符，如"，"或"."

3. pandas 常用文件写入函数

（1）常用写入函数

pandas 提供了多种类型文件的写入函数，见表 8-2。

表 8-2

函　　数	说　　明
to_csv	将 DataFrame 内容写入到 CSV 文件中
to_json	将 DataFrame 内容写入到 JSON 文件中
to_clipboard	将 DataFrame 内容写入到剪切板中。然后可以复制到任何地方
to_sql	将 DataFrame 内容写入到数据库的表中
to_html	将 DataFrame 内容写入到 HTML 文件中

（2）to_csv 函数的使用

obj. to_csv(filename)函数默认分隔符为"，"，也可以通过 sep 参数显式地定义分隔符，示例如下：

```
from pandas import DataFrame
data = DataFrame({'b': [4.3, 7, -3], 'a': [0, 1, 0],'c': [-2, 5, 8]})
data. to_csv('example1. csv', sep='|')
```

写入文件内容如下：

```
|a|b|c
0|0|4.3|-2
1|1|7.0|5
2|0|-3.0|8
```

当数据框表中存在空值时，可以通过指定 to_csv()函数的 na_rep 参数，显式地填充空值，示例如下：

```
import numpy as np
from pandas import DataFrame
data = DataFrame({'b': [4.3, np. nan, -3], 'a': [0, 1, 0],'c': [-2, 5, 8]})
data. to_csv('example2. csv', na_rep='null')
```

写入文件内容如下：

```
,a,b,c
0,0,4.3,-2
1,1,null,5
2,0,-3.0,8
```

文件写入 CSV 时，行索引名和列索引名可以都不写，只写入 value 部分，示例如下：

```
import numpy as np
from pandas import DataFrame
data = DataFrame({'b': [4.3, np. nan, -3], 'a': [0, 1, 0],'c': [-2, 5, 8]})
data. to_csv('example3. csv', index=False, header=False)
```

写入文件内容如下：

```
0,4.3,-2
1,,5
0,-3.0,8
```

文件写入 CSV 时，可以通过 columns 参数指定列索引名列表，写入指定的列数据，示例如下：

```
import numpy as np
from pandas import DataFrame
data = DataFrame({'b': [4.3, np.nan, -3], 'a': [0, 1, 0],'c': [-2, 5, 8]})
data.to_csv('example4.csv', columns=['a', 'c'])
```

写入文件内容如下：

```
,a,c
0,0,-2
1,1,5
2,0,8
```

to_csv() 函数不仅可以写入 CSV 文件，还可以写在当前标准输出终端上，示例如下：

```
from pandas import DataFrame
import numpy as np
import sys
data = DataFrame({'b': [4.3, np.nan, -3], 'a': [0, 1, 0],'c': [-2, 5, 8]})
data.to_csv(sys.stdout, columns=['a', 'c'])
```

输出内容如下：

```
,a,c
0,0,-2
1,1,5
2,0,8
```

微课 8-3
常用数据集格式

8.3　常用数据集格式

1. PASCAL VOC 数据集介绍

PASCAL VOC 数据集来源于 PASCAL VOC 挑战赛（The PASCAL Visual Object Classes）。该挑战赛是一个世界级的计算机视觉挑战赛，很多优秀的计算机视觉模型，如分类、定位、检测、分割、动作识别等模型都是基于 PASCAL VOC 挑战赛及其数据集上推出的，尤其是一些目标检测模型（如大名鼎鼎的 R CNN 系列，以及后面的 YOLO、SSD 等）。PASCAL VOC 数据集用来存储标注信息的 XML 文件结构如下：

```xml
<annotation>
<folder>VOC2007</folder>
<filename>000001. jpg</filename>
<source>
<database>The VOC2007 Database</database>
<annotation>PASCAL VOC2007</annotation>
<image>flickr</image>
<flickrid>341012865</flickrid>
</ source>
<owner>
<flickrid>Fried Camels</flickrid>
<name>Jinky the Fruit Bat</name>
</ owner>
<size>
<width>353</width>
<height>500</height>
<depth>3</depth>
</ size>
<segmented>0</segmented>
```

```
<object>
<name>dog</name>
<pose>Left</pose>
<truncated>1</truncated>
<difficult>0</difficult>
<bndbox>
<xmin>48</xmin>
<ymin>240</ymin>
<xmax>195</xmax>
<ymax>371</ymax>
</bndbox>
</object>
<object>
<name>person</name>
<pose>Left</pose>
<truncated>1</truncated>
<difficult>0</difficult>
<bndbox>
<xmin>8</xmin>
<ymin>12</ymin>
<xmax>352</xmax>
<ymax>498</ymax>
</bndbox>
</object>
</annotation>
```

　　每张图片对应一个 XML 格式的标注文件，包含了图片名称、图像尺寸、目标物类别、遮挡程度和辨别难度等信息，该文件的格式说明见表 8-3。

表 8-3

属　　性	说　　明
filename	文件名
source	图片来源
owner	拥有者
size	图片大小
segmented	是否分割
object	表明这是一个目标，里面的内容是目标的相关信息
name	object 名称，20 个类别
pose	拍摄角度：front，rear，left，right，unspecified
truncated	目标是否被截断（如在图片之外），或者被遮挡（超过 15%）
difficult	检测难易程度，主要是根据目标的大小、光照变化、图片质量来判断

数据集的目录结构（以 VOC 2007 为例）如下：

```
├── Annotations 进行 detection 任务时的标签文件(XML 文件形式)
├── ImageSets 存放数据集的分割文件，如 train、val、test
├── JPEGImages 存放 JPG 格式的图片文件
├── SegmentationClass 存放按照 class 分割的图片
└── SegmentationObject 存放按照 object 分割的图片
```

2. COCO 数据集介绍

MS COCO 数据集中的图像分为训练、验证和测试集。COCO 通过在 Flickr 上搜索 80 个对象类别和各种场景类型来收集图像。现在 COCO 数据集有 3 种标注类型：object instances（目标实例），object keypoints（目标上的关键点）和 image captions（看图说话），都使用 JSON 文件存储。基本的 JSON 结构体类型如下：

```
{
    "info" : info,
    "licenses" : [license],
```

```
    "images" : [ image ] ,

    "annotations" : [ annotation ] ,

    "categories" : [ category ]

}
```

object instances、object keypoints 和 image captions 类型的数据都共享 info、image 和 license 这些基本类型。

```
info {

    "year" : int,

    "version" : str,

    "description" : str,

    "contributor" : str,

    "url" : str,

    "date_created" : datetime,

}

license {

    "id" : int,

    "name" : str,

    "url" : str,

}

image {

    "id" : int,

    "width" : int,

    "height" : int,

    "file_name" : str,

    "license" : int,

    "flickr_url" : str,

    "coco_url" : str,

    "date_captured" : datetime,

}
```

而 annotation 和 category 这两种结构体在不同类型的 JSON 文件中是不一样的,其中 annotation 结构是包含多个字段的一个数组,如下所示:

```
annotation{
    "id": int,
    "image_id": int,
    "category_id": int,
    "segmentation": RLE or [polygon],
    "area": float,
    "bbox": [x,y,width,height],
    "iscrowd": 0 or 1,
}
```

这里需要注意的是,iscrowd = 0 表示单个的对象,可能会需要多个 polygon 来表示,iscrowd = 1 时表示将标注一组对象,如一群人的时候,segmentation 使用的就是 RLE 格式。另外,不管 iscrowd 是 0 还是 1,每个对象都会有一个矩形框 bbox,矩形框左上角的坐标和矩形框的长宽会以数组的形式提供,数组第 1 个元素就是左上角的横坐标值。

annotation 结构中的 categories 字段存储的是当前对象所属的 category 的 id,以及所属的 supercategory 的 name。在后面的任务中将会看到具体的一个 annotation 实例。

项目任务

任务 8-1　分类标注结果转换

任务描述

通过 LabelMe 进行分类标注后,完成的标注数据用 JSON 文件保存。但是在不同的应用场景中,可能需要有不同的格式。在本任务将读取标注 JSON 文件,并解析出其中的 imagePath. flags 字段数据,使用 CSV 文件保存所有的图片文件名和对应的类别标签。

任务实施

步骤 1：读入标注 json 文件。

本任务需要调用处理文件的库 os，解析 JSON 的库 json 和生成 CSV 的库 pandas。代码如下：

```
import json
import os
import pandas as pd
```

定义读取 JSON 文件函数，读取 test. json 文件测试并打印输出结果。代码如下：

```
def read_json(fp):
    content = ''
    with open(filepath, 'r') as f:
        content = json. load(f)
    return content
print(read_json('. ./data/test. json'))
```

输出解结果如下：

```
{'version': '4. 2. 9', 'flags': {'__ignore__': False, '荷花': False, '梅花': True, '牡丹':
False, '蔷薇': False, '樱花': False}, 'shapes': [], 'imagePath': '1185. jpg', 'imageData':
None, 'imageHeight': 1062, 'imageWidth': 1590}
```

步骤 2：解析 JSON 文件中的标注信息。

因为是分类任务的标注结果，从上一个步骤输出结果可以看到，imagePath 中记录了对应的图像文件名，分类标签在 flags 对象中，读取到的 flags 是字典数据类型，其中 key 对应花朵的类型，value 对应 boolean 值标注图片是否是这种花朵类型。因为所有的花朵类型的顺序都和 flags. txt 中的一致，因此采用花朵类型的序列号作为类别的标签，需要把字典 flags 中的 boolean 值转换成数组类型。下面定义 JSON 解析函数并进行测试，代码如下：

```
def get_data(json_content):
    # 读取其中的 imagePath,获取图像路径
    imgpath = json_content. get("imagePath")
```

```
        data. append(imgpath)
        # 读取其中的 flags 作为分类标签
        flags = json_content. get("flags")
        # 读取所有标签
        values = list(flags. values())
        label   = 0
        # 获得的数组类似[False, False, True, False,False, False], 遍历数组
        for i in range(len(values)):
            if values[i]:  # 如果为 true,则取当前序号+1 作为标签
                label = i+1
        # 将解析出来的文件名称和标签组成一个数组
        data = []
        data. append(imgpath)
        data. append(label)
        return data
temp_json=read_json('. ./data/test. json')
print(get_data(temp_json))
```

输出结果如下:

```
['1185. jpg', 3]
```

步骤 3:保存成 CSV 文件格式。

因为 LabelMe 生成的 JSON 文件都保存在图片相同的目录下,因此直接去读取这个目录即可。设置 ROOT_PATH 指向目录名,并使用 os. listdir 获取目录下所有文件名。代码如下:

```
ROOT_PATH = '. /flowers'  # 设定读取 JSON 文件的目录
files = os. listdir(ROOT_PATH)   # 读取所有文件名
```

对于所有的文件,根据其扩展名判断是否是 JSON 文件。如果是 JSON 文件,进一步解析获取图片文件名和对应的类别标签。代码如下:

```
alldata = [ ]
for file in files：
    # 判断是否是 JSON 文件
    if not file. endswith('. json') :
        continue
    filepath = os. path. join( ROOT_PATH, file)   # 获取文件全路径
    annotation=read_json(filepath)   # 读取 JSON 文件内容
    alldata. append( get_data( annotation) )   # 汇总到大数组中
```

查看一下 alldata 数组的长度，应该是和标注的文件个数相同。代码如下：

```
print( len( alldata) )
```

为了方便通过 pandas 转成 CSV 文件格式，先将数组类型的 alldata 转换成 pandas 的 dataframe 格式。代码如下：

```
# 转换成 dataframe 格式
flowers_data = pd. DataFrame( alldata)
```

获得类似如下格式：

	0	1
0	1185. jpg	2
1	1195. jpg	2
2	1223. jpg	1
3	1346. jpg	4
…		

然后使用 pandas 可以方便地把 dataframe 类型的数据直接转成 CSV 文件进行保存。因为不需要保存列名称和序列号，因此可以使用下面代码：

```
# 转换成 CSV 文件,不需要保存列名和序号
flowers_data. to_csv( "flowers. csv" , header=False, index=False)
```

可以查看获得 flowers. csv 文件如下：

```
1185. jpg, 2
1195. jpg, 2
1223. jpg, 1
1346. jpg, 4
1480. jpg, 5
1527. jpg, 5
…
```

任务 8-2　目标检测标注结果转换成 PASCAL VOC 格式

任务描述

很多目标检测类模型是通过 PASCAL VOC 数据集进行模型训练的，因此，把标注数据集转换成 VOC 数据集的格式，能够减少很多数据准备的工作。LabelMe 提供了方便的脚本，可以把数据标注结果直接转成 VOC 的格式。

任务实施

步骤 1：下载转换脚本。

因为 LabelMe 提供了方便的脚本工具，可以将通过 LabelMe 标注得到的 JSON 文件转换成 PASCAL VOC 格式。可以在 GitHub 网站中直接下载转换脚本工具。

步骤 2：转换成 PASCAL VOC 格式。

将下载的 LabelMe2voc. py 脚本和任务 6-2 生成的数据目录 data 放到同一个目录下，然后输入如下命令：

```
./LabelMe2voc. py data data_voc --labels labels. txt
```

该命令将 data 目录下的标注结果进行转换，并放到 data_voc 目录下。这里同样适用标注时的 labels. txt 文件。

步骤 3：查看 PASCAL VOC 格式的文件。

可以查看 data_voc 目录，结构如下：

```
data_voc
 - data_voc/class_names. txt
 - data_voc/JPEGImages
 - data_voc/Annotations
 - data_voc/AnnotationsVisualization
```

这就是 PASCAL VOC 数据集的标注格式，其中 Annotations 目录下保存的是 XML 格式的标注信息。打开任意一个文件查看，例如：

```
<annotation>
    <folder/>
    <filename>1-records. data_3. jpg</filename>
    <database/>
    <annotation/>
    <image/>
    <size>
        <height>352</height>
        <width>640</width>
        <depth>3</depth>
    </size>
    <segmented/>
    <object>
        <name>PEOPLE</name>
        <pose/>
        <truncated/>
        <difficult/>
        <bndbox>
            <xmin>301. 6178010471204</xmin>
            <ymin>68. 45549738219893</ymin>
```

```
            <xmax>344. 5497382198953</xmax>
            <ymax>167. 40837696335075</ymax>
        </bndbox>
      </object>
    …
```

可以看到是和 PASCAL VOC 同样格式的 XML 标注文件。在 JPEGImages 目录下保存的是原始图像，AnnotationsVisualization 目录下是可视化的标注结果。如图 8-1 所示，可以方便地查看标注效果。

图 8-1

本页彩图

任务 8-3　语义分割标注结果转换成 PASCAL VOC 和 COCO 格式

任务描述

很多语义分割类模型是通过 PASCAL VOC 数据集或者 MS COCO 数据集进行模型训练的，因此，把标注数据集转换成 VOC 数据集和 COCO 数据集格式，能够减少很多数据准备的工作。LabelMe 提供了方便的脚本，可以把数据标注结果直接转成 VOC 的格式和 MS COCO 格式。

任务实施

步骤 1：转换成 PASCAL VOC 格式。

可以利用 LabelMe 提供的脚本工具，方便地把标注出来的 JSON 文件进行转换。分割任务转换脚本和任务 8-2 中使用的脚本略有不同，需要在 GitHub 中重新下载。

把任务 6-3 的结果和脚本 LabelMe2voc.py 放到同一个目录下。输入如下代码：

```
./LabelMe2voc.py data data_voc --labels labels.txt
```

可以将 data 目录下的标注结果进行转换，并放到 data_voc 目录下。

步骤 2：查看 PASCAL VOC 格式的文件。

在生成的 data_voc 目录中，获得的目录结构如下：

```
data_voc
- data_voc/class_names.txt
- data_voc/JPEGImages
- data_voc/SegmentationClass
- data_voc/SegmentationClassPNG
- data_voc/SegmentationClassVisualization
```

其中 SegmentationClass 目录下保存的是 NumPy 格式的标注信息，其中保存的 NumPy 数组和原图同样大小，每个元素的值代表对应像素点属于的类别，因此可以表示像素级别的图像分割结果。

SegmentationClassPNG 目录下保存的是图像分割的可视化结果，如图 8-2 所示。

图 8-2

本页彩图

SegmentationClassVisualization 目录下保存的是原始图像和标注图像的累加可视化效果，如图 8-3 所示。

图 8-3

本页彩图

步骤 3：转换成 COCO 格式。

LabelMe 也提供方便的脚本工具，把标注出来的 JSON 文件进行转换成 COCO 数据集格式。同样，需要先在 GitHab 中下载脚本文件。

同样，把任务 6-3 的结果和下载的脚本工具 LabelMe2coco. py 放到同一个目录下。输入如下代码：

```
./LabelMe2coco. py data data_coco --labels labels. txt
```

可以将 data 目录下的标注结果进行转换，并放到 data_coco 目录下。使用和标注是同样的 labels. txt 文件。

步骤 4：查看转换后的结果。

生成的 data_coco 目录结构如下：

```
data_coco
- data_coco/annotations. json
- data_coco/JPEGImages
```

其中 annotations. json 保存的是所有图像的标注结果，是符合 COCO 数据集标注格式的 JSON 文件；JPEGImages 目录下保存的是原始图像。

可以查看一下该 JSON 文件，内容如下：

```
{
    "info" : {
        "description" : null,
        "url" : null,
        "version" : null,
        "year" : 2020,
        "contributor" : null,
        "date_created" : "2020-06-04 15:37:45.533493"
    },
    "licenses" : [{
        "url" : null,
        "id" : 0,
        "name" : null
    }],
    "images" : [{
        "license" : 0,
        "url" : null,
        "file_name" : "JPEGImages/10405146_1.jpg",
        "height" : 352,
        "width" : 234,
        "date_captured" : null,
        "id" : 0
    }, {
        "license" : 0,
        "url" : null,
        "file_name" : "JPEGImages/1629243_1.jpg",
        "height" : 484,
        "width" : 438,
        "date_captured" : null,
        "id" : 1
    }, {
```

```
        "license" : 0,
        "url" : null,
        "file_name" : "JPEGImages/1691766_1. jpg",
        "height" : 482,
        "width" : 350,
        "date_captured" : null,
        "id" : 2
    }],
    "type" : "instances",
    "annotations" : [ {
            "id" : 0,
            "image_id" : 0,
            "category_id" : 1,
            "segmentation" : [
                [119. 58990536277602, 103. 78548895899054,
125. 26813880126184, 95. 58359621451105, 133. 78548895899053, 90. 53627760252367,
141. 3564668769716, 87. 38170347003155, 146. 0883280757098, 87. 69716088328076,
140. 41009463722398, 93. 69085173501577, 132. 20820189274448, 97. 47634069400631]
            ],
            "area" : 141. 0,
            "bbox" : [119. 0, 87. 0, 28. 0, 17. 0],
            "iscrowd" : 0
        }
...
    "categories" : [ {
        "supercategory" : null,
        "id" : 0,
        "name" : "_background_"
    }, {
        "supercategory" : null,
        "id" : 1,
```

```
        "name" : "EYEBROW"
    } , {
        "supercategory" : null,
        "id" : 2,
        "name" : "EYE"
    } , {
        "supercategory" : null,
        "id" : 3,
        "name" : "MOUTH"
    } ]
}
```

可以看出，JSON 文件和 COCO 数据集标注的基本结构一致。

```
{
    "info" : info,
    "licenses" : [ license ],
    "images" : [ image ],
    "annotations" : [ annotation ],
    "categories" : [ category ]
}
```

项目总结

通过本项目了解一些常用数据集，特别是 PASCAL VOC 和 MS COCO 数据集的标注格式，并通过 LabelMe 对标注结果进行简单的转换，生成符合要求的标注文件。最后，通过完成一个 Python 脚本，把分类的标注结果转换成 CSV 标注文件。

第四部分
视觉应用场景与部署

项目9　视觉应用场景认知

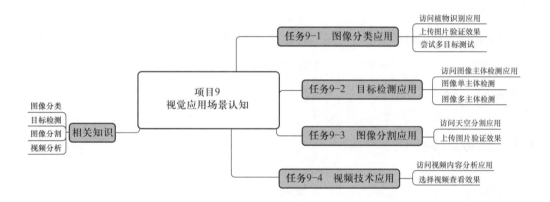

学习情境

　　计算机视觉（Computer Vision）是一门研究如何使机器"看"的科学，是使用计算机及相关设备对生物视觉的一种模拟，其主要任务就是通过对采集的图片或视频进行处理以获得相应场景的三维信息，就像人类和许多其他生物每天所做的那样。形象地说，就是给计算机安装上眼睛（照相机）和大脑（算法），让计算机能够感知环境。进入 21 世纪，在各个行业都涌现出了计算机视觉应用场景，如面部识别、无人驾驶、智能安防、智慧医疗、智慧教育、智能制造等。

学习目标 ◎

1. 了解图像分类、目标检测、图像分割以及视频分析技术的应用场景。
2. 理解图像分类、目标检测、图像分割以及视频分析技术的基本原理。
3. 掌握图像分类、目标检测、图像分割以及视频分析技术的基本应用。

相关知识 ◎

如何让计算机理解一张图片？根据后续任务的不同，有 3 个主要的层次，分别为分类（Classification）、检测（Detection）、分割（Segmentation）。下面通过百度的 AI 开放平台了解图像分类、检测、分割技术以及视觉技术的应用场景。

9.1　图像分类

图像分类（Image Classification）旨在判断该图像所属类别，即给定一张输入图像，解决"是什么"的问题。其方法是将图像结构化为某一类别的信息，用事先确定好的标签（Tag）、类别（Category）或实例 ID 来描述图片，也就是图像的分类标注。

9.2　目标检测

在图像分类的基础上，如果还想知道图像中的目标具体在什么位置、图像中有哪些目标及其数目是多少，就需要进行目标定位（Object Localization）与目标检测（Object Detection），主要是解决"是什么？在哪里？"的问题。

（1）目标定位

目标定位任务就是以包围盒（Bounding Box）形式进行标注，也就是标框标注的形式。

（2）目标检测

所谓目标检测任务，即定位出该目标的位置并且知道目标物是什么。通常将目标检测任务细分为两个子任务，即检测与识别。首先进行检测，这是视觉感知的第一步，即尽可能搜索出图像中某一块存在目标（形状、位置）。然后再进行目标识别，类似于图像分类，用于判别当前找到的图像块所对应的目标具体是什么类别。

9.3　图像分割

图像分割（Segmentation）是对图像的像素级描述，它赋予每一像素类别（实例）意义，主要解决"每一像素属于哪个目标物或场景"的问题，包括语义分割（Semantic Segmentation）和实例分割（Instance Segmentation）。该方法适用于理解要求较高的场景，如无人驾驶中对道路和非道路的分割，通常使用区域标注方法。

（1）语义分割

语义分割是对前景与背景分离的拓展，要求分离开具有不同语义的图像部分，它是目标检测更进阶的任务。目标检测只需要框出每个目标的包围盒，语义分割需要进一步判断图像中哪些像素属于哪个目标。

（2）实例分割

实例分割用于区分属于相同类别的不同实例。例如，当图像中有多只猫时，语义分割会将两只猫整体的所有像素预测为"猫"这个类别。与此不同的是，实例分割需要区分出哪些像素属于第一只猫、哪些像素属于第二只猫，如图 9-1 所示。

 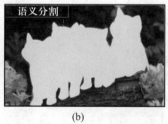 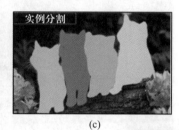

　　　(a)　　　　　　　　　　(b)　　　　　　　　　　(c)

图 9-1

本页彩图

9.4　视频分析

视频分析（Video Analysis）技术就是使用计算机进行图像视觉分析的技术，是通过将场景中背景和目标分离进而分析并追踪在视频内出现的目标，从而识别目标显示结果的一项技术，主要通过视频分类、视频公众人物识别、视频语音识别、视频细粒度识别、视频OCR、泛标签提取等技术进行分析实现。

项目任务

任务 9-1　图像分类应用——植物识别

任务描述

根据拍摄照片，识别图片中植物的名称，可配合其他识图能力对识别的结果进一步细化，提高用户体验，广泛应用于拍照识图类 APP 中。

任务实施

步骤 1：访问植物识别应用。

访问百度 AI 开放平台的"植物识别"页面，然后单击"功能演示"按钮，如图 9-2 所示。

图 9-2

步骤 2：上传图片验证效果。

选择任意示例图片，即可见到相应的识别结果。如单击图 9-3 下方第 2 张图片，即可见到图片右上方显示其可能结果，其中是向日葵的置信度为 0.79，是黑心金光菊的置信度为 0.006，是勋章菊的置信度为 0.005，对比可以看出植物识别功能可以正常使用，同时在右侧窗口显示接口返回的 Response 的 JSON 数据。

图 9-3

也可以使用本地图片进行验证。单击"本地上传"按钮，上传本地图片并查看识别效果。例如，上传一张玫瑰的图片，即显示其为玫瑰的置信度为 0.797，如图 9-4 所示。

图 9-4

步骤 3：尝试多目标测试。

在实际应用中，会遇到一张图片中有多种植物的情况，所以还需要测试多目标情况下识别是否准确，选择一张含有多种植物的图片进行上传，可以看到是非洲菊的置信度为 0.512，是橙花飞蓬的置信度为 0.243，是百合的置信度为 0.178，如图 9-5 所示。

图 9-5

上传一张头戴花饰的照片，显示是非植物的置信度为 0.689，如图 9-6 所示。

图 9-6

上传一张多种类蔬菜的图片，显示是黄瓜的置信度为 0.596，是西葫芦的置信度为 0.343，是洋葱的置信度为 0.11，如图 9-7 所示。

图 9-7

任务 9-2 目标检测应用——图像主体检测

任务描述

根据用户上传照片进行主体检测，实现图像裁剪或背景虚化等功能，可应用于含美图功能 APP 等业务场景中。

任务实施

步骤 1：访问图像主体检测应用。

访问百度 AI 开放平台的"图像主体检测"页面，然后单击"功能演示"按钮，如图 9-8 所示。

步骤 2：图像单主体检测。

选择任意示例图片，即可见到相应的识别结果。例如，单击如图 9-9 所示的第 1 张图片，即可在图片右上方显示图像主体位置参数，其距图片上边缘 339 px，距图片左边缘 449 px，图片主体宽度为 455 px，高度为 465 px。同时，在最右侧显示原始参数，如 log_id 为唯一的 log id，用于问题定位；result 是图片识别的结果，width 表示定位位置的长方形的宽度，top 表示定位位置的长方形左上顶点的垂直坐标，left 表示定位位置的长方形左上顶点的水平坐标，height 表示定位位置的长方形的高度。

图 9-8　图像主体检测应用主界面

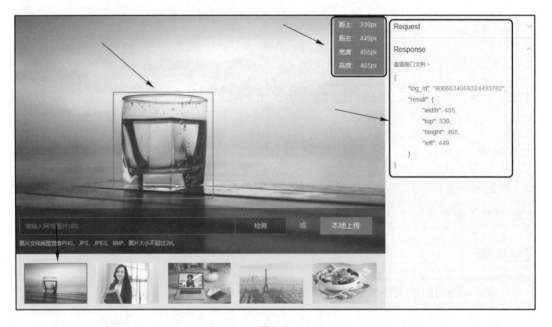

图 9-9

步骤 3：图像多主体检测。

在实际生活中，会经常遇到图片中有多个主体的情况，所以需要用到图像多主体检测，使其检测出图片中多个主体的坐标位置，并给出主体的分类标签和标签的置信度。单击"图像多主体检测"按钮，选择一张图片即可完成检测，将其在照片中识别出的图片框出来，如图 9-10 所示。

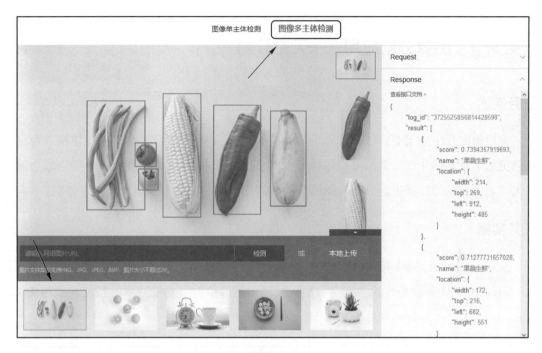

图 9-10

其右侧的还可以选择查看照片某个主体及参数的详细信息，相比图像单主体检测多了标签置信度这一参数，如图 9-11 所示。

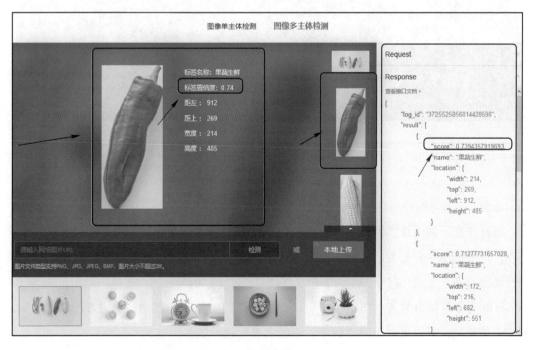

图 9-11

任务 9-3 图像分割应用——天空分割

任务描述

将原始图片中的天空区域识别并分离出来，可以选择新的天空图片进行替换、合成，提供更加丰富的图片处理效果及娱乐体验。本任务要求精准识别图像中的天空轮廓边界，将天空轮廓与图像背景进行分离，返回分割后的二值图、灰度图，实现像素级分割。

任务实施

步骤 1：访问天空分割应用。

访问百度 AI 开放平台的"天空分割"页面，然后单击"功能演示"按钮，如图 9-12 所示。

图 9-12

步骤 2：上传图片验证效果。

选择任意示例图片，即可显示相应的识别结果。例如，单击图 9-13 所示下侧第 1 张图片，即可将图片分割为两部分，左边是优化后的，右面是优化前的，并可以拖动分割线进行动态分割。右侧窗口中返回了两个参数，log_id 为唯一的 log id，用于问题定位；scoremap 为分割结果的灰度图，是一个 base64 编码的字符串（其中每一像素的取值范围是 0~255 的整数，可以近似理解为概率，值越大表示越可能是天空）。

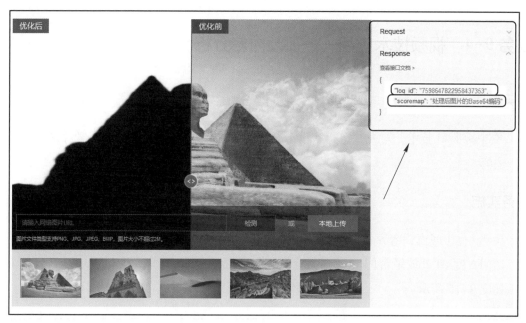

图 9-13

同时用户也可以上传本地图片，并进行测试，如图 9-14 所示。

图 9-14

任务 9-4   视频技术应用——视频内容分析

任务描述

通过多维 AI 技术，对视频进行智能分析，从语音、文字、人脸和场景 4 个方面输出视频内容。

任务实施

步骤 1：访问视频内容分析应用。

访问百度 AI 开放平台的"视频内容分析"页面，下拉网页，找到"功能演示"模块，如图 9-15 所示。

图 9-15

步骤 2：选择视频查看效果。

选择相应视频，即可输出视频识别结果。例如，选择第 3 个视频"IDL 宣传片"，即可观察到在右侧显示了"语音""文字""人脸"及"场景"4 个模块，其中"语音"模块可以把视频中的音频翻译成文字，并按时间排列显示至框内，如图 9-16 所示。

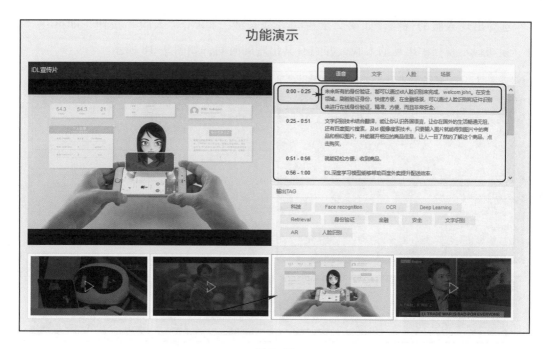

图 9-16

单击"文字"按钮，即可在"文字"模块显示视频中出现的文字，同样按时间顺序进行排列，如图 9-17 所示。

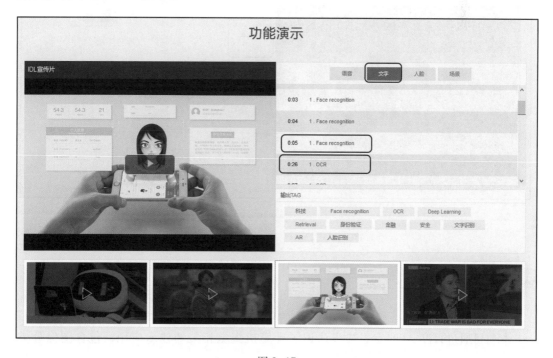

图 9-17

选择出现人脸的视频，如第 2 个视频"战长沙"，单击"人脸"按钮，即可在"人脸"模块显示视频中出现的人脸，并附有其出现的时间，如图 9-18 所示。

图 9-18

单击"场景"按钮，即可在"场景"模块中显示视频有关的场景，如图 9-19 所示。

图 9-19

项目总结

本项目通过百度 AI 平台，初步认识了计算机视觉相关的技术应用，包含图像分类、目标检测、图像分割、视频技术等。

项目10 视觉应用部署

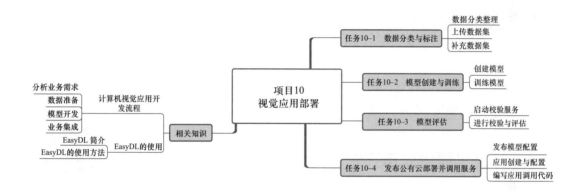

随着人工智能的广泛应用，如人脸识别、语音识别、声纹识别、文字识别、车辆识别、物品识别、语义理解、机器翻译、自动问答等，许多公司也将一些技术开放给全社会使用。目前国内几个比较主流的 AI 开发平台包括百度的 EasyDL、阿里云的 AI 开发平台——机器学习 PAI、华为云的 AI 开发平台——ModelArts，以及科大讯飞的开放平台等。

其中 EasyDL 是百度推出的定制化 AI 训练及服务平台，支持面向各行各业有定制 AI 需求的企业用户及开发者使用，支持从数据管理与数据标注、模型训练、模型部署一站式 AI 开发流程，通过将原始图片、文本、音频、视频类数据经过 EasyDL 加工、学习、部署，可发布为公有云 API、设备端 SDK、本地化部署及软硬一体产品。

本项目使用 EasyDL 实现一款识别花朵的智能应用，将使用 5 种花朵（玫瑰、太阳花、郁金香、蒲公英、雏菊）的图片数据集完成图像分类的识花应用的开发。

学习目标

1. 能够简述计算机视觉应用的开发流程。
2. 能够使用模型评估的方法完成简单模型评估。
3. 能够使用百度 EasyDL 平台完成基本的图像应用开发。
4. 能够运用模型的云端部署与调用方法，完成模型的在线调用。

相关知识

EasyDL 是百度推出的定制化 AI 训练及服务平台，下面将介绍计算机视觉应用开发流程以及 EasyDL 的使用。

10.1　计算机视觉应用开发流程

微课 10-1
计算机视觉
应用开发流程

计算机视觉应用开发流程包含分析业务需求、数据准备、模型开发和业务集成 4 个阶段，如图 10-1 所示。

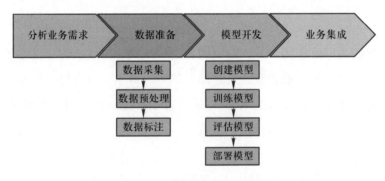

图 10-1

1. 分析业务需求

在正式启动训练模型之前，需要有效分析和拆解业务需求，明确模型类型如何选择。这里对一些实际业务场景进行分析。

例如，某企业希望为某个高端小区物业做一套智能监控系统，希望对多种情况进行智能监控并及时预警，包括保安是否在岗、小区是否有异常人员进入、小区内各个区域的垃圾桶是否已满等。针对这个原始业务需求，可以使用多个模型综合应用：

① 监控保安是否在岗——通过图像分类模型进行判断。

② 是否有异常人员进入——通过人脸识别模型进行判断。

③ 监控小区内各个区域垃圾桶是否已满——通过物体检测模型进行判断。

2. 数据准备

（1）数据采集

在分析业务需求得出基本的模型类型之后，需要进行相应的数据收集工作。数据采集的主要原则是尽可能采集真实业务场景一致的数据，并覆盖可能有的各种情况。

① 训练图片和实际场景要识别的图片拍摄环境一致，如果实际要识别的图片是摄像头俯拍的，那训练图片就不能使用网上下载的目标正面图片。

② 每个分类的图片需要覆盖实际场景里面的可能性，如拍照角度、光线明暗的变化，训练集覆盖的场景越多，模型的泛化能力越强。

③ 如果训练图片场景无法全部覆盖实际场景要识别的图片：如果要识别的主体在图片中占比较大，模型本身的泛化能力可以保证模型的效果不受很大影响；如果识别的主体在图片中占比较小，且实际环境很复杂无法覆盖全部的场景，建议用物体检测模型来解决问题（物体检测可以支持将要识别的主体从训练图片中框出的方式来标注，能适应更泛化的场景和环境）。

（2）数据预处理

现实世界中的数据大体上都是不完整、不一致的脏数据，无法直接进行数据挖掘，或挖掘结果不尽如人意。为了提高数据挖掘的质量，数据预处理技术应运而生。图像预处理的主要目的是消除图像中的无关信息，恢复有用的真实信息，增强有关信息的可检测性并最大限度地简化数据，从而改进特征抽取、图像分割、匹配和识别的可靠性。

（3）数据标注

数据预处理后，可以通过标注工具对已有的数据进行标注。例如，上述保安是否在岗的图像分类模型，需要将监控视频抽帧后的图片按照"在岗"和"未在岗"两类进行整理；小区内各个区域垃圾桶是否已满，需要将监控视频抽帧后的图片标注其中每个垃圾桶的"空"和"满"两种状态进行标注。

3. 模型开发

模型开发的过程包含模型创建、训练、评估以及部署发布，具体如下。

（1）创建模型

针对不同的业务场景可以选择相应类别的模型，包括图像分类、物体检测、图像分割、视频分类。

① 图像分类模型：可识别一张图中是否是某类物体/状态/场景，适用于图片中主体或者状态单一的场景。

② 物体检测模型：可识别图中每个物体的位置、名称，适合有多个主体或要识别位置及数量的场景。

③ 图像分割模型：对比物体检测，可识别图中每个物体的名称、位置（像素级轮廓）并计数，适用于图中有多个主体、需要识别主体位置或轮廓的场景。

④ 视频分类模型：可以分析视频的内容，识别出视频内人体做的是什么动作，物体/环境发生了什么变化。

（2）训练模型

训练模型阶段可以将已有标注好的数据基于已经确定的初步模型类型，选择算法进行训练。

（3）评估模型

训练后的模型需要进行评估，以验证模型效果是否可用。通常使用混淆矩阵、准确率进行评估。

混淆矩阵是数据科学、数据分析和机器学习中总结分类模型预测结果的情形分析表，以矩阵形式将数据集中的记录按照真实的类别与分类模型作出的分类判断两个标准进行汇总，如图 10-2 所示。

混淆矩阵		预测值 (Predict)	
		True	False
实际值 (Actual)	True	TP	FN
	False	FP	TN

- TP(True Positive)：被正确地推理为正类别的样本个数
- FN(False Negative)：被错误地推理为正类别的样本个数
- FP(False Positive)：被错误地推理为负类别的样本个数
- TN(True Negative)：被正确地推理为负类别的样本个数

图 10-2

准确率是衡量图像分类模型的重要指标之一，是指正确分类的样本数与总样本数之比。准确率计算公式如下：

$$Accuracy = \frac{TP+TN}{TP+TN+FP+FN}$$

准确率通常也会使用 Top1 和 Top5 作为衡量的指标参数。Top1 预测是指将预测的多个结果取概率最大的一个作为预测结果，这个预测结果正确，才认为预测正确，否则预测错误，所以比较严格。Top5 预测则比较宽松，只要预测的多个结果中前五名出现了正确概率，即认为预测正确。

Precision：精确率，是指正确预测的正样本数占所有预测为正样本的数量的比值，也就是说所有预测为正样本的样本中有多少是真正的正样本。它只关注正样本，这是区别于 Accuracy 的地方，其公式如下：

$$Precision = \frac{TP}{TP+FP}$$

Recall：召回率，是指正确预测的正样本数占真实正样本总数的比例，也就是从这些预测样本中能够正确找出多少个正样本，其公式如下：

$$Recall = \frac{TP}{TP+FN}$$

（4）部署模型

当确认模型效果可用后，可以将模型部署至生产环境中。例如，可以将模型部署为 API、离线 SDK、本地服务器或软硬一体产品，有效应对各种业务场景需求，提供效果与性能兼具的服务。

4. 业务集成

模型被成功部署后，应用程序可以调用模型接口，实现应用的功能开发。

10.2　EasyDL 的使用

微课 10-2
EasyDL 的使用

1. EasyDL 简介

EasyDL 支持面向各行各业有定制 AI 需求的企业用户及开发者使用，支持从数据管理与数据标注、模型训练、模型部署的一站式 AI 开发流程。原始图片、文本、音频、视频类数据经过 EasyDL 加工、学习、部署可发布为公有云 API、设备端 SDK、本地服务器及软硬一体产品，如图 10-3 所示。

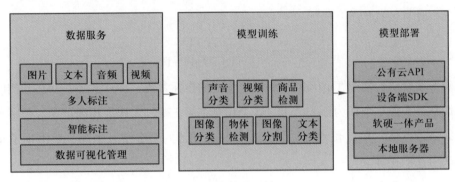

图 10-3

2. EasyDL 的使用方法

使用 EasyDL 可以完成上传并标注数据、创建并训练模型、校验模型效果、发布模型、调用模型等工作。

（1）上传并标注数据

① 分类功能的模型：在相应的分类标签下上传图片、文本、音频或视频等未标注或已标注数据，其中未标注数据支持在线标注。

② 检测功能的模型：上传数据后，需要在数据中标注出需要检测的具体目标。

（2）创建并训练模型

确定模型名称，记录希望模型实现的功能，选择算法、配置训练数据及其他任务相关参数完成训练任务启动。

（3）校验模型效果

模型训练完毕后支持可视化查看模型评估报告，并通过模型校验功能在线上传数据测试模型效果。

（4）发布模型

将效果满意的模型选择训练任务版本，发布为公有云 API、本地服务器、设备端 SDK 或软硬一体产品。

① 公有云 API。具有以下特点：

● 训练完成的模型存储在云端，可通过独立 Rest API 调用模型，实现 AI 能力与业务系统或硬件设备整合。

● 具有完善的鉴权、流控等安全机制，GPU 集群稳定承载高并发请求。

● 支持查找云端模型识别错误的数据，纠正结果并将其加入模型迭代的训练集，不断优化模型效果。

② 本地服务器。将训练完成的模型部署在本地 CPU/GPU 服务器上，支持私有 API 和服务器端 SDK 两种集成方式，可在内网/无网环境下使用模型，确保数据隐私。

③ 设备端 SDK。训练完成的模型被打包成适配智能硬件的 SDK，可进行设备端离线计算。针对多种芯片加速，满足推理阶段数据敏感性要求、更快的响应速度要求。

④ 软硬一体产品。高性能硬件与模型深度适配，可应用于工业分拣、视频监控等多种设备端离线计算场景。

（5）调用模型

公有云部署 API 后可通过独立 Rest API 调用模型，通过 OAuth 授权机制完成。数据的所有者告诉系统，同意授权第三方应用进入系统，获取这些数据。系统从而产生一个短期的进入令牌（Token），用来代替密码，供第三方应用使用，如图 10-4 所示。

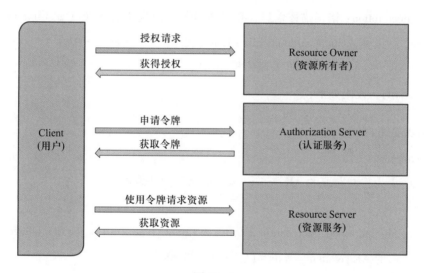

图 10-4

令牌（Token）与密码（Password）的作用是一样的，都可以进入系统，但是有以下 3 点差异：

① 令牌是短期的，到期会自动失效，用户无法自己修改。密码一般长期有效，用户不修改，就不会发生变化。

② 令牌可以被数据所有者撤销，会立即失效。

③ 令牌有权限范围（Scope），对于网络服务来说，只读令牌就比读写令牌更安全。密码一般是完整权限。

1）Token 获取。百度 AI 开放平台使用 OAuth 2.0 授权调用开放 API，调用 API 时必须在 URL 中带上 access_token 参数，所以需要先获取 Access Token，方法如下：

① 请求 URL 数据格式。向授权服务地址发送请求（推荐使用 POST），并在 URL 中带上以下参数。

- grant_type：必需参数，固定为 client_credentials。
- client_id：必需参数，应用的 API Key。
- client_secret：必需参数，应用的 Secret Key。

② 服务器返回的 JSON 文本参数如下。

- access_token：要获取的 Access Token。
- expires_in：Access Token 的有效期（单位为秒，一般有效期为 1 个月）。

③ 若请求错误，服务器返回的 JSON 文本中包含以下参数。

- error：错误码，详细信息请参考下方鉴权认证错误码。
- error_description：错误描述信息，帮助理解和解决发生的错误（如 Unknown client id 表示 API Key 不正确，Client authentication failed 表示 Secret Key 不正确）。

获取 access_token 后就可以开始调用模型 API。

④ 请求示例。代码如下：

```
# encoding:utf-8
import requests
# client_id 为官网获取的 AK，client_secret 为官网获取的 SK
host =
'https://aip.baidubce.com/oauth/2.0/token?grant_type=client_credentials&client_id=
【官网获取的 AK】&client_secret=【官网获取的 SK】'
response = requests.get(host)
if response:
    print(response.json())
```

2）公有云 API 调用。

① 请求 URL 数据格式。

HTTP 方法：POST。

请求 URL：首先进行自定义模型训练，完成训练后可在服务列表中查看并获取 URL。

URL 参数见表 10-1。

表 10-1

参　数	值
access_token	通过 API Key 和 Secret Key 获取的 access_token

header 描述见表 10-2。

表 10-2

参　数	值
Content-Type	application/json

注意：如果出现错误码 336001，则很可能是因为请求方式错误。与其他图像识别服务不同的是定制化图像识别服务以 JSON 方式请求。

body 请求示例如下：

```
{
    "image" : "<base64 数据>",
    "top_num" : 5
}
```

body 中放置请求参数，参数详情见表 10-3。

表 10-3

参　数	是否必选	类　型	可选值范围	说　明
image	是	string	—	图像数据，base64 编码，要求 base64 编码后大小不超过 4 MB，最短边至少 15 px，最长边最大 4096 px，支持 JPG、PNG、BMP 格式 注意：请去掉头部
top_num	否	number	—	返回分类数量，默认为 6 个

② 服务器返回 JASON 文本参数的详情见表 10-4。

表 10-4

字　段	是否必选	类　型	说　明
log_id	是	number	唯一的 log id，用于问题定位
results	否	array (object)	分类结果数组

续表

字　　段	是否必选	类　　型	说　　明
+name	否	string	分类名称
+score	否	number	置信度

③ 请求示例。以图像分类的 Python 代码为例：

```
# encoding:utf-8
import urllib. request
'''easydl 图像分类'''
request_url = "【接口地址】"
params = "{\"image\":\"sfasq35sadvsvqwr5q...\",\"top_num\":\"5\"}"
access_token = '[调用鉴权接口获取的 token]'
request_url = request_url + "? access_token=" + access_token
request = urllib2. Request(url=request_url, data=params)
request. add_header('Content-Type', 'application/json')
response = urllib2. urlopen(request)
content = response. read()
if content:
    print(content)
```

项目任务

任务 10-1　数据分类与标注

任务描述

从百度数据集下载花朵图片数据，完成数据的分类与标注任务。

任务实施

步骤 1：数据分类整理。

首先，下载数据集后创建 5 个空白文件夹，并将不同的图片分别对应存放到不同的文件夹中，再将文件夹更名，即完成图像分类与标注，如图 10-5 所示。

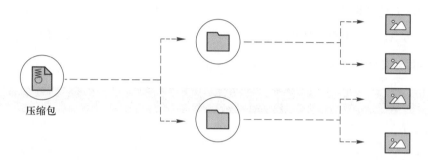

注：压缩包里的文件夹名即为标签名，只能包含数字/字母/下画线

图 10-5

如本次的数据集为 5 种标签，即 5 个按如下标签命名的文件夹：daisy、dandelion、rose、sunflower 和 tulip，对应中文名分别为"雏菊""蒲公英""玫瑰""向日葵"和"郁金香"，如图 10-6 所示。

每个文件夹都放入对应的图片，如 daisy 文件夹包含的图片如图 10-7 所示。

图 10-6

图 10-7

注意：平台对上传的数据格式有具体的要求，按照要求上传合适的图片，这里要求图片格式为 JPG/PNG/BMP/JPEG，并且大小限制在 4 MB 内，长宽比在 3∶1 以内，其中最长边需要小于 4096 px，最短边需要大于 30 px。图片应与实际业务场景（光线、角度、采集设备）尽可能一致，且无重复。

将以上 5 个文件夹打包成 1 个 zip 压缩包，注意压缩包的大小要在 5 GB 以内。

步骤 2：上传数据集。

进入百度 AI 开放平台，选择"开放能力"→"图像技术"→"EasyDL 定制化图像识别"项，如图 10-8 所示。

图 10-8

下拉页面，选择"技术方向"→"图像分类"→"立即训练"项，即可进入图像分类模型页面，如图 10-9 所示。

在"EasyData 数据服务"项（或其下的"数据总览"项）中，选择"创建数据集"项，输入数据集名称，单击"已标注数据"按钮，然后导入方式选择"本地"→"上传压缩包"项，选中"以文件夹命名分类"单选按钮，最后单击"上传压缩包"按钮，如图 10-10 所示。

耐心等待上传成功即完成了数据集的创建。

注意：未确定返回之前不要关闭网页，否则将取消上传。

步骤 3：补充数据集。

出于更加精确识别的目的，可以给数据集进行补充。选择"标注数据集"项，并选择刚刚创建的 flowers V1 数据集，如图 10-11 所示。

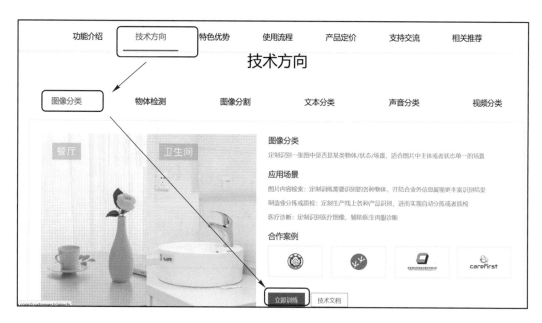

图 10-9

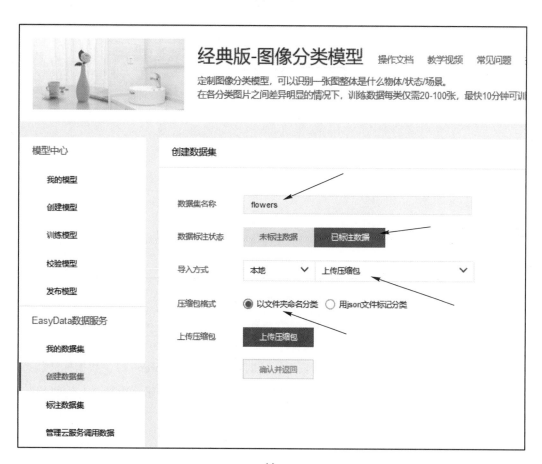

(a)

(b)

图 10-10

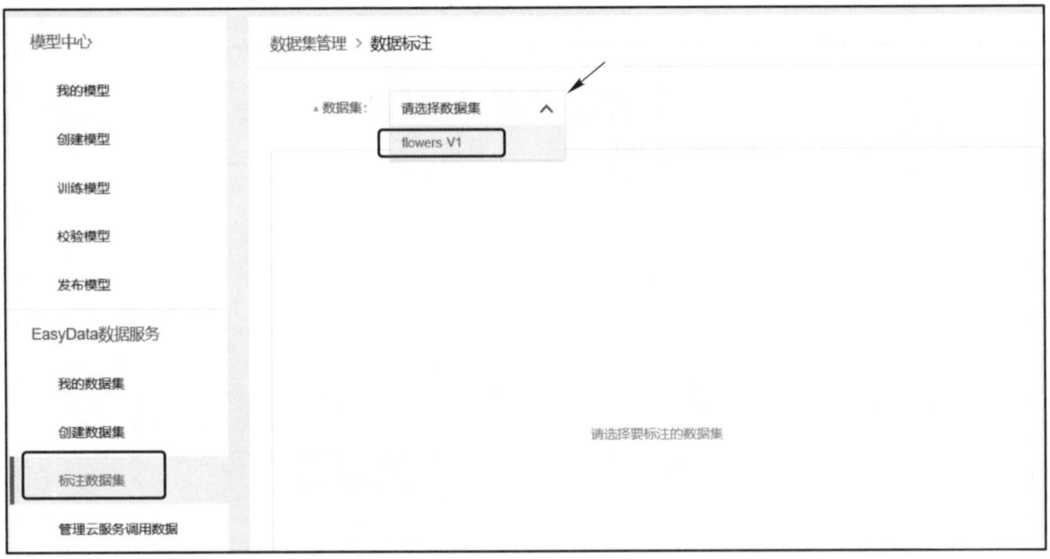

图 10-11　标注数据集

　　找到标注示例，并单击"+"按钮，如图 10-12 所示。

　　自动跳到 flowers V1 的数据集管理页面，这时数据集选择 flowers V1，数据标注状态选择"未标注数据"项，导入方式选择"本地"→"上传图片"项，单击"上传图片"按钮，如图 10-13 所示。

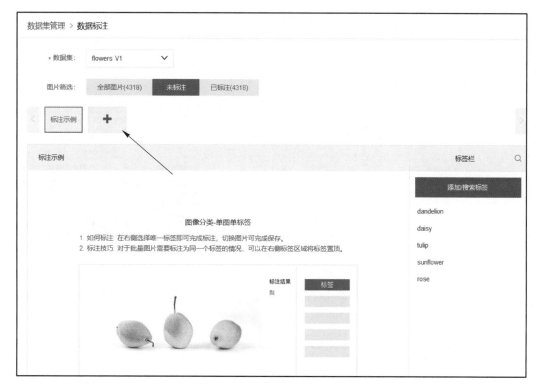

图 10-12

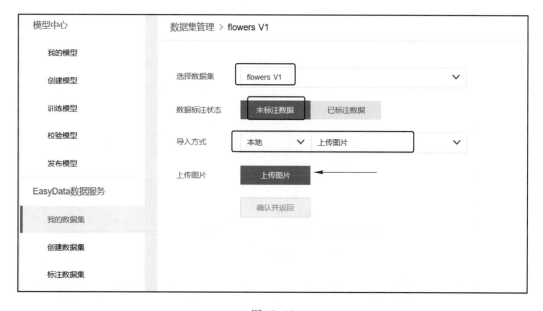

图 10-13

在弹出框中单击"添加图片"按钮，并选择需要标注的图片，再单击"开始上传"按钮，如图 10-14 所示。

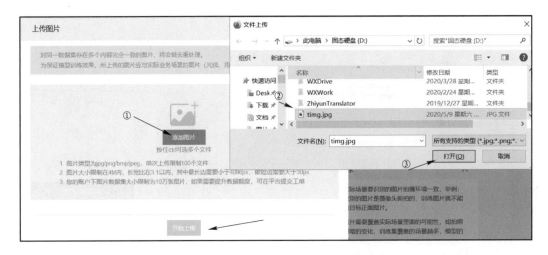

图 10-14

如果想多标注几张图片可以单击"继续添加"按钮，添加图片完成后单击"开始上传"按钮，如图 10-15 所示。

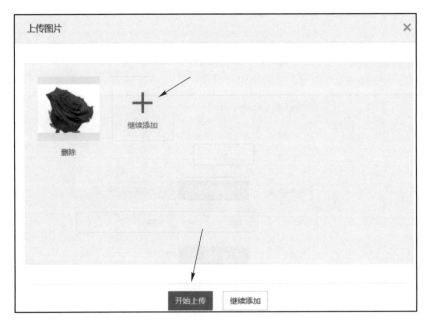

图 10-15

自动跳转到数据集页面，这时单击"确认并返回"按钮，即可上传，如图 10-16 所示。

稍等一段时间后（时间长短由上传的文件数量、大小等决定，一般不会超过两个小时），刷新页面查看，待状态从"处理中"变为"正常"，即可单击"标注"按钮进行标注，如图 10-17 和图 10-18 所示。

图 10-16

ID	名称	版本	类型	分类数	图片数	状态	操作
95400	flowers	V1	图像分类	5	4318	处理中 ?	共享

图 10-17

ID	名称	版本	类型	分类数	图片数	状态	操作
95400	flowers	V1	图像分类	5	4319	正常	查看 上传 标注 删除 共享

图 10-18

此时，已经跳转到标注页面。在以上步骤中，上传了一张图片，所以显示"未标注
（1）"。这时查看图片，并在右方选中符合的标签，单击"保存当前图片"按钮即可完成
标注，如图 10-19 所示。

注意：

① 图片格式为 JPG/PNG/BMP/JPEG，单次上传限制 100 个文件。

② 图片大小限制在 4 MB 内，长宽比在 3∶1 以内，其中最长边需要小于 4096 px，最短
边需要大于 30 px。

③ 数据集图片总数量默认为 10 万张图片，如果需要提升数据额度，可在平台提交
工单。

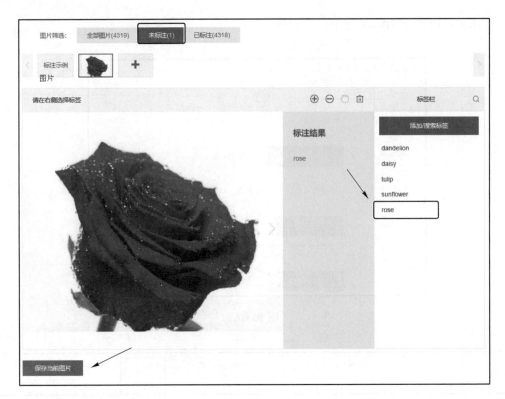

图 10-19

任务 10-2   模型创建与训练

任务描述

在 EasyDL 平台进行模型创建并训练模型。

任务实施

步骤 1：创建模型。

在"模型中心"列表中选择"创建模型"项，输入模型名称，单击"个人"按钮，输入邮箱地址、联系方式和功能描述，并单击"下一步"按钮，如图 10-20 所示。

步骤 2：训练模型。

单击"训练"按钮，并配置训练模型，如图 10-21 所示。

选择训练模型条件，其中部署方式选择"公有云 API"，"选择算法"选择"高精度"，然后单击"添加训练数据"按钮，如图 10-22 所示。

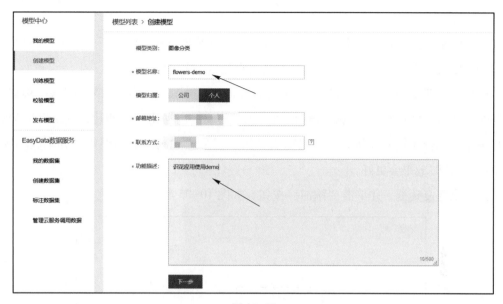

图 10-20

图 10-21

图 10-22

可选择的算法类型及各自特点如下。

● 高精度：适合数据量比较少的数据集，如训练数据在 1 000 张图片内，优势是准确率效果更高。

● 高性能：适合大一些的数据集，优势是相同训练数据量的情况下，训练耗时短，模型预测速度快，但准确率效果平均要比高精度算法低 3%~5%。

● AutoDL Transfer：该模型是百度研发的 AutoDL 技术之一，结合模型网络结构搜索、迁移学习技术，并针对用户数据进行自动优化的模型，与通用算法相比，训练时间较长，但更适用于细分类场景。例如，通用算法可用于区分猫和狗，但如果要区分不同品种的猫，则 AutoDL 效果会更好。

选中全部复选框，并单击"添加"按钮，如图 10-23 所示。

图 10-23

单击"开始训练"按钮，耐心等待训练完成即可，如图 10-24 所示。

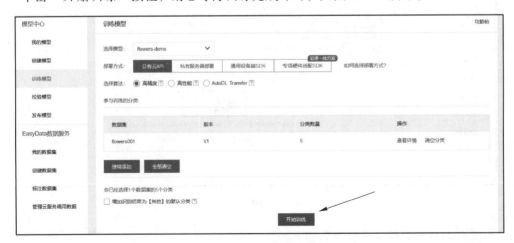

图 10-24

如图 10-25 所示，则表示训练正在进行，请耐心等待。将鼠标移动到训练状态的小叹号“!”上面时，可以看到训练进度。

模型中心
我的模型
创建模型
训练模型
校验模型
发布模型
模型列表
创建模型
【图像分类】flowers-demo 模型ID：63875
历史版本
部署方式
版本
训练状态
申请状态
服务状态
模型效果
操作
公有云API
V1
训练中
未申请
未发布
停止训练

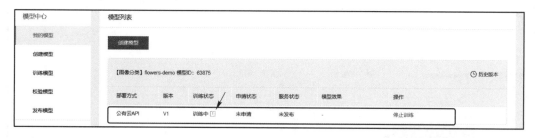

图 10-25

如图 10-26 所示，表示完成了任务 10-2 的模型创建与训练。

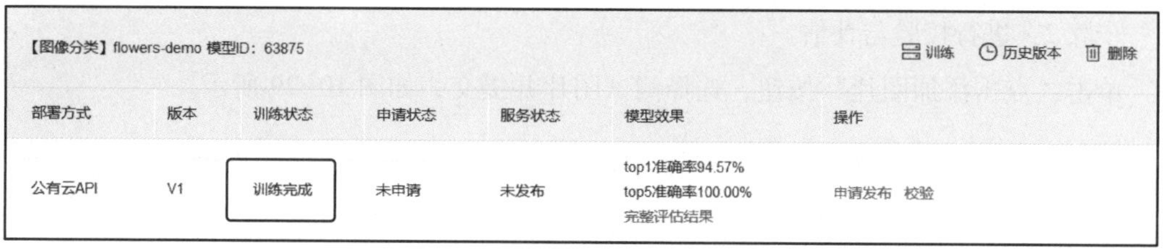

【图像分类】flowers-demo 模型ID：63875
训练
历史版本
删除
部署方式
版本
训练状态
申请状态
服务状态
模型效果
操作
公有云API
V1
训练完成
未申请
未发布
top1准确率94.57%
top5准确率100.00%
完整评估结果
申请发布
校验

图 10-26

任务 10-3　模型评估

任务描述

对模型进行测试评估，为发布做准备。

任务实施

步骤 1：启动校验服务。

单击“校验”按钮，进入校验模型界面，如图 10-27 所示。

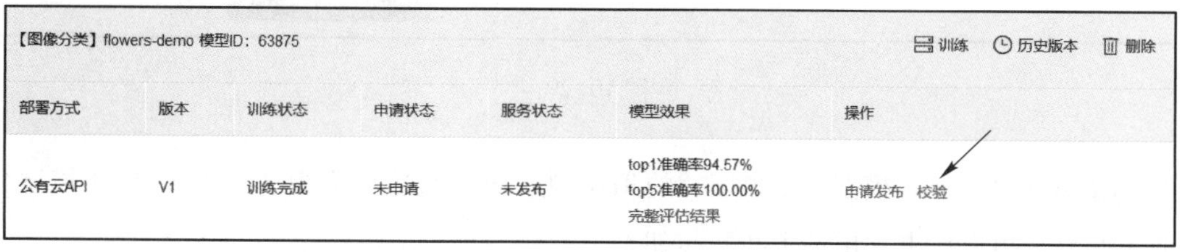

【图像分类】flowers-demo 模型ID：63875
训练
历史版本
删除
部署方式
版本
训练状态
申请状态
服务状态
模型效果
操作
公有云API
V1
训练完成
未申请
未发布
top1准确率94.57%
top5准确率100.00%
完整评估结果
申请发布
校验

图 10-27

检查模型无误后，单击"启动模型校验服务"按钮，如图 10-28 所示。

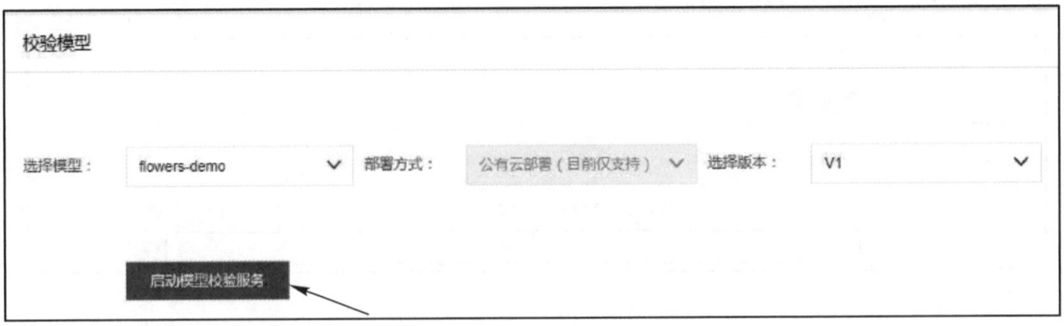

图 10-28

步骤 2：进行校验与评估。

单击"点击添加图片"按钮，选择测试图片并提交，如图 10-29 所示。

图 10-29

如图 10-30 所示，模型识别该图片的 Top1 为 rose，且置信度为 99.52%。鉴于模型分类性能良好，可以单击"申请上线"按钮。

图 10-30

任务 10-4　发布公有云部署并调用服务

任务描述

通过使用 EasyDL 平台的公有云方式进行部署，并通过调用部署的服务实现识花应用。

任务实施

步骤 1：发布模型配置。

输入服务名称和接口地址，单击"提交申请"按钮（可留意右侧接口参数说明，最终编写代码时需对应解析其参数），如图 10-31 所示。

选择"模型中心"→"我的模型"项，可以看到已创建的模型列表，单击"服务详情"按钮，如图 10-32 所示。

检查接口地址，单击"立即使用"按钮，如图 10-33 所示。

步骤 2：应用创建与配置。

返回并登录百度账号之后，将自动跳转到"百度智能云-管理中心"页面。选择"公有云服务管理"→"应用列表"项，单击"马上创建"按钮创建应用，如图 10-34 所示。

图 10-31

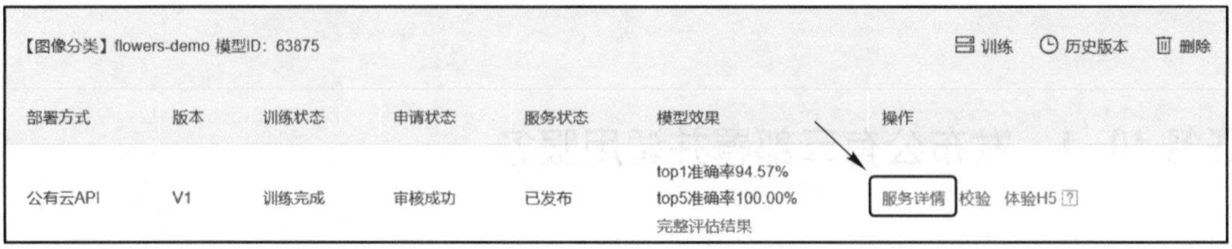

图 10-32

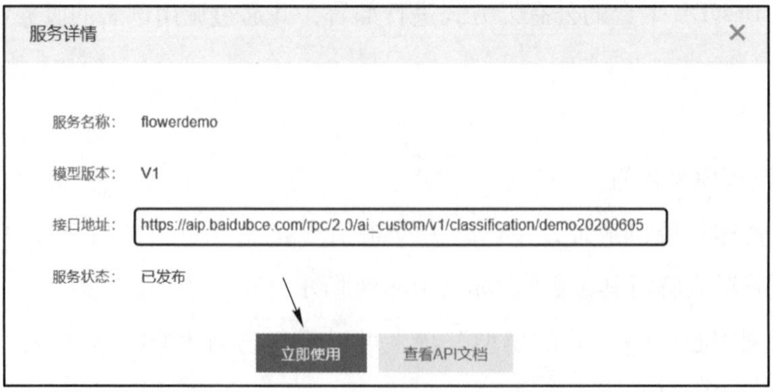

图 10-33

　　在如图 10-35 所示界面中输入应用名称，选择应用类型和接口选择，填写应用描述，最后单击"立即创建"按钮即可。

图 10-34

图 10-35

出现如图 10-36 所示界面，表示创建成功。单击"查看应用详情"按钮，即可看到
API Key 和 Secret Key，如图 10-37 所示。

图 10-36

经典版	应用列表						
公有云服务管理 ⌃	+ 创建应用						
· 应用列表		应用名称	AppID	API Key	Secret Key	创建时间	操作
· 权限管理	1	识花			****** 显示	2020-04-09 16:06:12	报表 管理 删除
· 用量统计							

图 10-37

步骤 3：编写应用调用代码。

首先导入所需要的 requests 库和 json 库，通过 API Key 和 Secret Key 获取 access_token，
参考代码如下：

```python
import requests
import json
""" 获取 token 值 """
def get_token():
    # client_id 为官网获取的 API Key，client_secret 为官网获取的 Secret Key，注意更
换此处的 client_id 和 client_secret 值
    host = 'https://aip.baidubce.com/oauth/2.0/token?grant_type=client_credentials&
client_id=OzpjjCYx2x60C32nX2A36QOI&client_secret=
HeGizANzszmVMPqcdGP3V4VpeGmhtpPX'
    response = requests.get(host)
    access_token=""
    if response:
        # print(response.json())
        temp_json=response.json()
        access_token=temp_json["access_token"]
        print("access_token",access_token)
    return access_token
toeken_str=get_token()
```

输出结果如下：

access_token

24. 192ce95d94b3930d3d63ef8efcca53df. 2592000. 1599189650. 28233519342300

然后编写代码进行服务的调用，需要导入 urllib. request 和 base64 库，本地上传测试图片，获取调用的返回结果，参考代码如下：

```python
import urllib. request
import base64
""" 读取图片 """
def get_file_content(filePath):
    with open(filePath, 'rb') as fp:
        return fp. read()
""" 调用 API,获取返回结果 """
def get_api_content(img_path, token):
    # API 接口地址
    request_url = " https://aip. baidubce. com/rpc/2. 0/ai_custom/v1/classification/
demo20200407"
    headers = {'content-type': 'application/json'}
    f=get_file_content(img_path)
    #base64 编码
    img = base64. b64encode(f)
    params = "{\"image\":\""+str(img, encoding =
"UTF-8")+"\",\"top_num\":\"5\"}"
    request_url = request_url + "? access_token=" + token
    request = urllib. request. Request(url=request_url, data=bytes(params, encoding=
'UTF-8'))
    r= urllib. request. urlopen(request)
    content = r. read()
    print(content)
    return content
test_img_path ='. \\flowers\\test. jpg'
```

```
content_str = get_api_content(test_img_path, toeken_str)
```

输出结果如下:

b' { " log _ id " : 1904228387401973050 , " results " : [{ " name " : " rose " , " score " : 0. 9993059635162354 } , { " name " : " tulip " , " score " : 0. 0004103932878933847 } , { " name " : " daisy " , " score " : 0. 00014869689766783267 } , { " name " : " sunflower " , " score " : 8. 464022539556026e − 05 } , { " name " : " dandelion " , " score " : 5. 031078035244718e − 05 }] } \n'

接下来解析 API 调用返回结果, 参考代码如下:

```
""" 解析 API 调用返回结果 """
def get_result(content):
    text = ""
    if content:
        jsonstr = json. loads(content)
        for result in jsonstr["results"]:
            print(result["name"], result["score"])
            # round 函数将 W 保留两位小数
            result["score"] = round(result["score"], 3)
            text = text + str(result["name"]) + " " + str(result["score"]) + "\n"
    return text
result_str = get_result(content_str)
```

输出结果如下:

```
rose 0. 9993059635162354
tulip 0. 0004103932878933847
daisy 0. 00014869689766783267
sunflower 8. 464022539556026e−05
dandelion 5. 031078035244718e−05
```

最后在图片上显示检测结果, 参考代码如下:

```
import cv2
import matplotlib. pyplot as plt
img = cv2. imread( test_img_path)
y0, dy = 50, 30
for i, txt in enumerate( result_str. split('\n')):
    y = y0 + i * dy
    cv2. putText( img, txt, (300, y), cv2. FONT_HERSHEY_SIMPLEX, 0. 5, (0, 0,
255), 2, 2)
img = cv2. cvtColor( img, cv2. COLOR_BGR2RGB)
plt. imshow( img)
```

结果如图 10-38 所示。

图 10-38

本页彩图

项目总结

　　本项目使用百度 EasyDL 平台完成简单识花软件的应用开发,首先将数据集进行分类标注上传到平台,然后使用 EasyDL 内置的算法完成识花分类的模型训练,在模型评估满足要求后将模型发布在云端,最后通过编码完成对模型的调用,从而实现识花应用的开发。案例仅仅是图像分类中非常小的一个分支——识花软件,并且本案例中识别的花朵也很有限,只有 5 种。有兴趣的读者可以扩展识别其他的植物(如识别灌木、青草、藤类、树木等),也可以动手尝试识别更多的图像分类应用。

参考文献

［1］叶韵. 深度学习与计算机视觉［M］. 北京：机械工业出版社，2017.

［2］Wes M. 利用 Python 进行数据分析［M］. 徐敬一，译. 北京：机械工业出版社，2018.

［3］嵩天，礼欣，黄天羽. Python 语言程序设计基础［M］. 2 版. 北京：高等教育出版社，2017.

［4］Ryan M. Python 网络数据采集［M］. 陶俊杰，陈小莉，译. 北京：人民邮电出版社，2016.

郑重声明

高等教育出版社依法对本书享有专有出版权。任何未经许可的复制、销售行为均违反《中华人民共和国著作权法》，其行为人将承担相应的民事责任和行政责任；构成犯罪的，将被依法追究刑事责任。为了维护市场秩序，保护读者的合法权益，避免读者误用盗版书造成不良后果，我社将配合行政执法部门和司法机关对违法犯罪的单位和个人进行严厉打击。社会各界人士如发现上述侵权行为，希望及时举报，本社将奖励举报有功人员。

反盗版举报电话　　（010）58581999　58582371　58582488

反盗版举报传真　　（010）82086060

反盗版举报邮箱　　dd@hep.com.cn

通信地址　　北京市西城区德外大街4号　高等教育出版社法律事务与版权管理部

邮政编码　　100120

资源服务提示

欢迎访问职业教育数字化学习中心——"智慧职教"（www.icve.com.cn），以前未在本网站注册的用户，请先注册。用户登录后，在首页或"课程"频道搜索本书对应课程"计算机视觉应用开发"进行在线学习。用户也可以在"智慧职教"首页下载"智慧职教"移动客户端，通过该客户端进行在线学习。